ZEITSCHRIFT FÜR MIKROELEKTRONIK · COMPUTERTECHNIK · INFORMATIK

MP

Heft 3 · 1988

Mikroprozessortechnik

VEB Verlag Technik Berlin

ISSN 0233-2892

Videosteuerung mit dem GDC U82720D

außerdem:

- Moderne Mikrorechnersysteme
- Bauanleitung für RAM-Disk

Symposium über Videoton-Computertechnik

Vom 16. bis 20. November 1987 veranstaltete die ungarische Videoton AG in Erfurt im Hotel Erfurter Hof ein rechentechnisches Symposium. Experten der Videoton AG informierten auf dieser Veranstaltung in Fachvorträgen über neueste Entwicklungen des Unternehmens auf den Gebieten Hardware und Software. Im Tagungsprogramm war Zeit für spezielle Konsultationsgespräche vorgesehen, in denen Nutzer von Videoton-Leistungen ihre Fragen und Probleme klären konnten.

Außerdem beriet während des Symposiums die R11-Nutzergemeinschaft über ihre Arbeit.

Besonderes Interesse aller Teilnehmer galt dem ausgestellten VT32-System, mit Motorola-kompatiblem 16/32-Bit-μP, das durch im System integriertem Arithmetikprozessor bei der Demonstration erstaunliche Ergebnisse für CAD-Aufgaben zeigte. Der VT 32 wird mit 1 bis 4 MByte Hauptspeicherkapazität ausgeliefert. Er hat eine Verarbeitungsgeschwindigkeit von 0,5 Mips. Die Systeme lassen sich auf Ethernet-Basis vernetzen. An Anwendersoftware für dieses System wurde u. a. ein Paket zur Konstruktion von Rohrleitungen vorgestellt. Während Prototypen für das Nachfolgemodell VT320 mit 1 Mips bereits existieren, steht der VT3200 mit 32-Bit-μP, 2,0 Mips, virtuellem und Cache-Speicher noch auf dem Reißbrett.

Den VT32 werden wir in einer späteren Ausgabe noch ausführlicher beschreiben.

Für Nutzer des R11 wurden Möglichkeiten aufgezeigt, wie PCs von Robotron und anderen Herstellern an den Rechner angeschlossen werden können.

Das nächste Symposium soll vom 3. bis 6. Mai 1988 in Klingemühle, Bezirk Frankfurt/Oder, stattfinden. *MP*

⊠ KONTAKT ☏

Videoton AG Vertretung, Arnold-Zweig-Straße 11, Berlin, 1100, Tel. 4724185

Ausstellung über CAD- und Bürotechnik

Vom 18. bis 19. November vergangenen Jahres zeigte die britische Firma RANK XEROX (RX), die ein Büro im Internationalen Handelszentrum in Berlin unterhält, im Berliner Hotel Metropol eine Auswahl ihrer Produkte. Neben Kopierern für Klein-, Mittel- und Großformat, Telekopierern und Schreibmaschinen stellte RX sogenannte Systemprodukte – vollständige Lösungen (Hard- und Software) für eine bestimmte Aufgabenstellung – vor. RX galt international lange Zeit als führender Hersteller von Kopiergeräten. Durch die immer stärker werdende Konkurrenz, vor allem von japanischen Kopiergeräteherstellern (z. B. Toshiba), „besinnt" man sich bei RX auf die ebenfalls langjährigen Erfahrungen im EDV-Bereich. So werden in ihren Leistungsparametern abgestufte Konfigurationen für CAD-Aufgaben (Bild 1) angeboten. Im Mittelpunkt steht dabei ein AT-kompatibler Mikrocomputer (RX OPat, RX AT Plus oder RX AT Compact). Die angebotenen PCs verfügen über einen 80286-μP - AT Plus und AT Compact können zusätzlich mit dem 80287 ausgerüstet werden. Je nach Ausführung sind 4 bis 6 AT-kompatible und 1 oder 2 XT-kompatible Steckplätze, Floppy-Disk bis zu 1,44 MByte, Festplatte bis zu 72 MByte und ein Streamerlaufwerk mit 60 MByte Kapazität vorhanden. Konfiguriert werden die PC wahlweise mit Plotter (schwarzweiß oder farbig), hochauflösendem Farbgrafikbildschirm, Digitalisiergerät, Drucker und dem Laserdrucker 4045. Der Laserdrucker (Bild 2), mit dem gleichzeitig kopiert werden kann, nutzt einen μP 80186 mit 512 KByte RAM, erweiterbar auf 2 MByte. An Schnittstellen sind RS 232 C und Centronics verfügbar. Die Papiergröße kann bis zu 21,6 cm × 35,5 cm bei 70–90 g/m^2 betragen. Der RX 4045 verursacht während des Betriebes einen Geräuschpegel von 50 db und im Bereitschaftszustand 40 db. Für den Druck gibt es eine Vielfalt von Schrifttypen (Fonts). Die Fonts variieren in der Größe von 6 bis 24 Punkten und sind mit festen oder proportionalen Schriftweiten erhältlich. Maximal lassen sich 22 Schrifttypen/-größen auf einer Seite verwenden. Auch Firmenzeichen und Unterschriften können (durch den Hersteller) auf Kassette gespeichert werden. Kyrillische Schrifttypen sind ebenfalls ladbar. Über die Centronics-Schnittstelle waren in der Ausstellung ein A7150 von Robotron und ein Laserdrucker 4045 verbunden (Bild 3). Auf dem A7150 erstellte Texte können mittels 4045 ausgegeben werden. Durch Nutzung weiterer Software soll das System als CAD-Station zur Verarbeitung und Ausgabe hochauflösender Grafik (300 × 300 Punkte je Quadratzoll) nutzbar sein. *MP*

2-MB-Floppy

Das BRD-Unternehmen TDK Electronics Europe GmbH, Ratingen bietet unter der Bezeichnung MF-2 Disketten an, die bei einem Durchmesser von 3,5 Zoll eine unformatierte Speicherkapazität von 2 Megabyte haben sollen. Diese Disketten werden nach Angaben des Unternehmens nach einem neuen, von TDK entwickelten Verfahren hergestellt, bei dem mittels eines Elektronenstrahls („Electron Beam Cured Binder"-Verfahren) eine wesentlich haltbarere Struktur der feinen Magnetbeschichtung aus super-feinkörnigen Avilyn-Partikeln auf getempertem Trägermaterial erreicht werde. Selbst nach 20 Millionen Durchläufen je Spur, gemessen bei 60 Grad Celsius, bringe diese Diskette noch volle Datensicherheit und bestmögliche Schreib- und Leseeigenschaften. Mit dem Elektronenstrahl-Verfahren könnten die Magnetpartikel besonders gleichmäßig, flach und dicht auf die Oberfläche der Disketten aufgebracht werden.

aus Blick durch die Wirtschaft

Speicherzelle mit „Bloch-Linie"

Hitachi hat in Zusammenarbeit der Universität Kyushu die Funktionsfähigkeit von Bloch-Linien-Speicherzellen praktisch nachgewiesen. Es handelt sich um einen magnetischen Schaltkreis, der Memory-ICs mit extrem hoher Zellendichte ermöglicht. Im Experiment wurde eine 5-Bit-Bloch-Speicherzelle auf einer Chipfläche von 200 × 400 μm aufgebaut. Der Erfolg des Experimentes eröffnet Möglichkeiten von Speicher-ICs mit einer Speicherdichte von maximal 16 Bit/μm^2. Hitachi möchte mit der Produktion der ersten Generation von 256-MBit-Bloch-Line-Memories schon in fünf Jahren beginnen. Eine Bloch-Linie ist eine zweidimensionale magnetische Region im Zusammenhang mit der „Bloch-Wand", die in einem ferromagnetischen Medium die Grenze zwischen zwei Weißschen Bezirken darstellt. In einem dünnen magnetischen Film entstehen genauso Zonen mit verschiedenen Magnetisierungsrichtungen, die von einer Wand getrennt werden. Die magnetische Region im rechten Winkel zu der Wand wird Bloch-Linie genannt, nach dem Physiker, der das Phänomen erforscht hat. Prof. Konishi von der Universität Kyushu hat nun vorgeschlagen, die Mikrostruktur entlang einer Bloch-Linie (mit Geometrien von 0,5 bis 1 μm) als digitale Speichermechanismen zu verwenden. Hitachi, NEC und mehrere Universitäten haben intensiv diese Möglichkeit erforscht. Der große Anreiz besteht darin, daß dadurch nichtflüchtige, statische RAMS realisiert werden können, die als monolithische ICs ohne bewegliche Teile die Kapazität von Floppy-Disks erreichen. Der Erfolg des Experiments wurde durch Verbesserungen der Transfer- und Schreiboperationen ermöglicht bzw. durch eine bisher noch unbekannte Auslesestruktur für die Bloch-Linie.

aus Elektronikschau 4/87

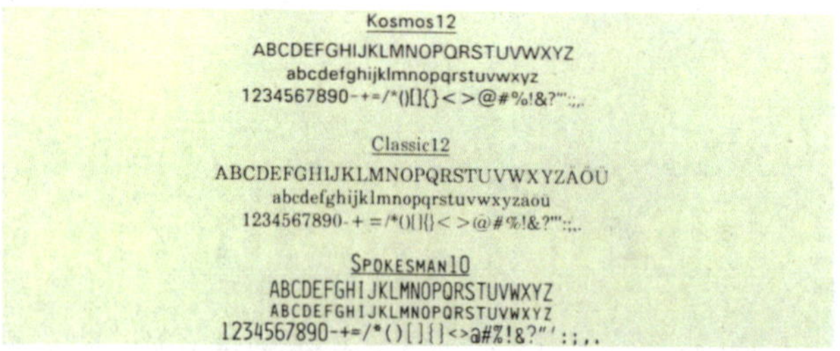

Fotos (4): Paszkowsky

1

2

3

Zeitschrift für Mikroelektronik · Computertechnik · Informatik
2. Jahrgang · ISSN 0232–2892

MP

Mikroprozessortechnik, Heft 3 · 88

Herausgeber Kammer der Technik, Fachverband Elektrotechnik

Verlag VEB Verlag Technik, Oranienburger Str. 13/14, DDR – 1020 Berlin; Telegrammadresse: Technikverlag Berlin; Telefon: 2 87 00, Telex: 011 2228 techn dd

Verlagsdirektor Klaus Hieronimus

Redaktion Hans Weiß, Verantwortlicher Redakteur (Tel.: 2870371); Sekretariat Tel.: 2870381

Gestaltung Christina Bauer

Beirat Dr. Ludwig Claßen, Dr. Heinz Florin, Prof. Dr. sc. Rolf Giesecke, Joachim Hahne, Prof. Dr. sc. Dieter Hammer, Dr. sc. Thomas Horn, Prof. Dr. Albert Jugel, Prof. Dr. Bernd Junghans, Dr. Dietmar Keller, Prof. Dr. sc. Gernot Meyer, Prof. Dr. sc. Bernd-Georg Münzer, Prof. Dr. sc. Peter Neubert, Prof. Dr. sc. Rudolf Arthur Pose, Prof. Dr. sc. Michael Roth (Vorsitzender), Dr. Gerhard Schulze, Prof. Dr. sc. Manfred Seifart, Dr. Dieter Simon, Dr. Rolf Wätzig, Prof. Dr. sc. Jürgen Zaremba

Lizenz-Nr. 1710 des Presseamtes beim Vorsitzenden des Ministerrates der Deutschen Demokratischen Republik

Gesamtherstellung Druckerei Märkische Volksstimme Potsdam

Erfüllungsort und Gerichtsstand Berlin-Mitte. Der Verlag behält sich alle Rechte an den von ihm veröffentlichten Aufsätzen und Abbildungen, auch das der Übersetzung in fremde Sprachen, vor. Auszüge, Referate und Besprechungen sind nur mit voller Quellenangabe zulässig.

Redaktionsschluß: 12. Januar 1988

AN (EDV) 49837

Erscheinungsweise monatlich 1 Heft

Heftpreis 5,– M, Abonnementspreis vierteljährlich 15,– M; Auslandspreise sind den Zeitschriftenkatalogen des Außenhandelsbetriebes BUCHEXPORT zu entnehmen.

Bezugsmöglichkeiten
DDR: sämtliche Postämter; *SVR Albanien:* Direktorije Quendrore e Perhapjes dhe Propaganditit te Librit Rruga Konference e Pezes, Tirana; *VR Bulgarien:* Direkzia R.E.P., 11a, Rue Paris, Sofia; *VR China:* China National Publications Import and Export Corporation, West Europe Department, P.O. Box 88, Beijing; *ČSSR:* PNS – Ustřední Expedicia a Dovoz Tísku Praha, Slezská 11, 120 00 Praha 2, PNS, Ústredna Expedicia a Dovoz Tlače, Pošta 022, 885 47 Bratislava; *SFR Jugoslawien:* Jugoslovenska Knjiga, Terazija 27, Beograd; Izdavačko Knjižarsko Produzeće MLADOST, Ilica 30, Zagreb; *Koreanische DVR:* CHULPANMUL Korea Publications Export & Import Corporation, Pyongyang; *Republik Kuba:* Empresa de Comercio Exterior de Publicaciones, O'Reilly No. 407, Ciudad Habana; *VR Polen:* C.K.P.i.W. Ruch, Towarowa 28, 00-958 Warszawa; *SR Rumänien:* D.E.P. Bucureşti, Piaţa Scînteii, Bucureşti; *UdSSR:* Sämtliche Abteilungen von Sojuzpečat' oder Postämter und Postkontore; *Ungarische VR:* P.K.H.I., Külföldi Előfizetési Osztály, P.O. Box 16, 1426 Budapest; *SR Vietnam:* XUNHASABA, 32, Hai Ba Trung, Há Nội; *BRD und Berlin (West):* ESKABE Kommissions-Grossobuchhandlung, Postfach 36, 8222 Ruhpolding/Obb.; Helios-Literatur-Vertriebs-GmbH, Eichborndamm 141–167, Berlin (West) 52; Kunst und Wissen Erich Bieber OHG, Postfach 46, 7000 Stuttgart 1; Gebrüder Petermann, BUCH + ZEITUNG INTERNATIONAL, Kurfürstenstraße 111, Berlin (West) 30; *Österreich:* Helios-Literatur-Vertriebs-GmbH & Co. KG, Industriestraße B 13, 2345 Brunn am Gebirge; *Schweiz:* Verlagsauslieferung Wissenschaft der Freihofer AG, Weinbergstr. 109, 8033 Zürich; *Alle anderen Länder:* örtlicher Fachbuchhandel; BUCHEXPORT Volkseigener Außenhandelsbetrieb der Deutschen Demokratischen Republik, Postfach 160, DDR – 7010, und Leipzig Book Service, Talstraße 29, DDR – 7010 Leipzig

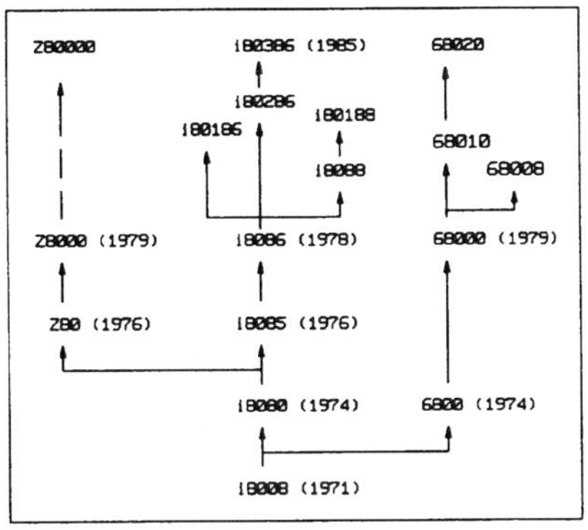

Seite 68

```
Block   Blockshiftfaktor   Blockmask
(KByte)
=====================================
  1           3               07H
  2           4               0FH
  4           5               1FH
  8           6               3FH
 16           7               7FH

Der Wert der "Extentmask" ergibt
sich aus der Blockgröße und der
Speicherkapazität der Disk:

Block       Extentmask bei
(KByte) Disk<256K  Disk>256K
============================
  1          0     geht nicht
  2          1          0
  4          3          1
  8          7          3
 16         15          7
```

Seite 74

Seite 90

Vorschau

In MP 4/88 haben wir für Sie u. a. Beiträge zu folgenden Themen vorgesehen:
- *Der Floppy-Disk-Controller U 8272D und sein Einsatz*
- *Schnelle Analog-/Digital-Wandlung und Sampling für 8/16-Bit-Computer*
- *Bauanleitung für einen Joystickmodul zum KC 85/3*

Inhalt

Videosteuerung VIS 3 mit GDC U82720D (Teil 1)

Dr. Wilfried Quednow
Akademie der Wissenschaften der DDR, Zentrum für wissenschaftlichen Gerätebau Berlin

Dem vielfachen Wunsch vieler Anwender der VIS1 und VIS2A Rechnung tragend, stellen wir in zwei aufeinanderfolgenden Beiträgen die Hard- und Software der neuentwikkelten Videosteuerung VIS3 vor. Wir möchten damit nicht nur eine Information über die Leistungsparameter und Bezugsmöglichkeiten dieser Baugruppe geben, sondern mit dem unkonventionellen Einsatz des Grafik-Display-Controllers GDC U82720D auf der VIS3 auch die Flexibilität und Leistungsfähigkeit dieses Schaltkreises zeigen. *Unser Dank gilt dem Ingenieurbetrieb für Anwendung der Mikroelektronik Erfurt im KME und dem ZEG Mittweida, die unsere Arbeit maßgeblich unterstützt haben und durch ihre Beteiligung an der Fertigung und dem Vertrieb bestückter und unbestückter Leiterplatten mit zu einer breiten Praxiswirksamkeit beitragen werden.*

Vorgängertypen

Im Zentrum für wissenschaftlichen Gerätebau werden auf dem Gebiet der Bildschirmgrafik bereits traditionell Hard- und Softwareentwicklungen durchgeführt, die in der DDR auf der Basis von Nachnutzungen eine große Verbreitung gefunden haben. Dazu gehören die beiden K1520-kompatiblen Steckeinheiten

– Videospeicher VIS1 /1/, /2/ mit einer Bildspeichergröße von 256 * 265 * 1 Bit und einem Anschluß für S/W-Fernsehgeräte
– Videospeicher VIS2A /3/, /4/ mit einer Bildspeichergröße von 512 * 256 * 1 Bit und einem Anschluß für die vom VEB Kombinat Robotron hergestellten monochromen Monitore MON K7221 bzw. MON K7222

sowie die betriebssystemunabhängigen grafischen Unterprogrammbibliotheken

– Grafikgrundsoftware GGS 180 zur Bedienung des Videospeichers VIS1
– Grafikgrundroutinen GGR 183 zur Bedienung des Videospeichers VIS2A

und die Anwenderprogramme

– Grafiksoftware, kurvenorientiert GSK 182 zur Darstellung von Meßkurven mit dem Videospeicher VIS1
– Grafiksoftware, kurvenorientiert GSK 183 zur Darstellung von Meßkurven mit dem Videospeicher VIS2A.

Dr.-Ing. Wilfried Quednow (42) studierte von 1964 bis 1970 an der Technischen Universität Dresden, Fachgebiet Nachrichten- und Informationstechnik. Nach seinem Diplomabschluß auf diesem Fachgebiet setzte er seine Tätigkeit an dieser Einrichtung als wissenschaftlicher Assistent fort und erlangte 1975 die Promotion A mit einer Arbeit über Computerteilnehmersysteme. Seit 1975 ist er im Zentrum für wissenschaftlichen Gerätebau der AdW der DDR tätig, wo er auf dem Gebiet der Rechentechnik und ihrer Anwendung im wissenschaftlichen Gerätebau arbeitet. Sein Spezialgebiet ist die Entwicklung von Bildschirmsteuerungen für Mikrorechner, die insbesondere auf die Belange der Meßtechnik zugeschnitten sind.

Auf Grund des großen Bedarfs an leistungsfähiger Bildschirmtechnik einerseits und des Angebotes neuer, dafür geeigneter hochintegrierter Schaltkreise andererseits erschien es uns sinnvoll, diese Serie fortzusetzen. Nachdem nunmehr die Hard- und Softwareentwicklungsarbeiten dazu abgeschlossen sind, sollen in diesem Beitrag die neuentwikkelte K1520-kompatible Steckeinheit Videosteuerung VIS3 /5/ und in einem weiteren Beitrag die zugehörigen Softwarekomponenten Farbgrafikroutinen FGR 186 und VIS3-Grafik-Library VGLIB vorgestellt werden.

Leistungsparameter

Die Videosteuerung VIS3 ist wie ihre Vorgängertypen eine vollgrafische Bildschirmsteuerung, die auf einer Steckeinheit im K1520-Standard realisiert ist. Ihre wichtigsten technischen Daten sind in Tafel 1 zusammengestellt.

Im Unterschied zur VIS1 und VIS2A verfügt sie über einen wesentlich größeren Bildschirmwiederholspeicher und einen erheblich erweiterten Funktionsumfang. Beides

Tafel 1 Technische Daten der VIS3

Bildvergrößerung (Zooming)	1 bis 16 (Zoomfaktor wirkt horizontal und vertikal gleichzeitig)
Zahl der Bildfenster	2
Bildfensterverschiebung (Panning)	
vertikal	im Zeilenraster
horizontal	im Raster von 4 Punkten
Palettenregister (Look up Table)	
Größe	16 * 4 Bit
Zugriff	schreib-/lesbar (mit/ohne WAIT-Steuerung)
Rechnerinterface	K1520-Systembus, TGL 37271/01
Monitor	MON 7226.X0 /9/ (MON 7221, MON 7222 sowie S/W- und Farbfernsehempfänger anpaßbar)
Lichtstift	5366 – 20 (ZfK Rossendorf)
Stromversorgung	5 V ±5 %/0,9 A typ.
Steckverbinder	
Rechneranschluß	58pol. indirekt, TGL 29331/03
Lichtstiftanschluß	10pol. indirekt, TGL 29331/04
Monitoranschluß	26pol. indirekt, TGL 29331/04[2)]
	4pol. geschirmt, TGL 29331/05[2)]
	6pol. geschirmt, TGL 29331/05[2)]
Leiterkartenformat	215 mm * 170 mm (EGS)

[1)] Vorzugsformat
[2)] alternative Bestückungsvarianten

wurde in erster Linie durch den Einsatz neuer und leistungsfähiger Schaltkreise, wie des GDC U82720 DC04 /6/ und des dynamischen 64-KBit-Speichers U2164 D25 /7/ erreicht. Im Bildwiederholspeicher können jetzt je Bildpunkt 4 Bit abgespeichert werden, wodurch die Ansteuerung eines Farbmonitors ermöglicht wird. Was den Leistungsumfang betrifft, wirken sich hier insbesondere die Möglichkeiten des GDC sehr vorteilhaft aus. Alle GDC-Kommandos nach /8/ können, soweit sie im Grafikmode zugelassen sind, benutzt werden. Im einzelnen stehen folgende programmierbare Funktionen zur Verfügung:

– Programmierung des Bildsynchronsignals (BSYN) einschließlich der Austastzeiten ermöglicht Anpassung an beliebige Monitore
– Umschaltung von Master-Betrieb (VSYNC-Erzeugung intern) auf Slave-Betrieb (VSYNC-Erzeugung extern) bei Kaskadierung
– programmgesteuerte An- und Abschaltung der Monitorsignale RT, BL, GR, INTS und BSYN (nach Hardware-RESET ist der Monitor grundsätzlich abgeschaltet)
– Auswahl, ob RMW-Zyklen nur während der Austastzeiten für Bild- und Zeilenrücklauf erlaubt sind oder ständig (Flash-Mode)
– Programmierung der Bildwiederholspeichergröße durch Eingabe der Zeilenlänge (PITCH)
– Programmierung der Größe des auf dem Bildschirm abgebildeten Bildfeldes und Aufteilung in ein oder zwei übereinander angeordnete Bildfenster (Windowing)
– voneinander unabhängige Verschiebung (Panning) der in den Bildfenstern dargestellten Bildausschnitte in horizontaler und vertikaler Richtung
– Vergrößerung (Zooming) des dargestellten Bildes durch gleichzeitige Aufweitung der Bildpunkte in vertikaler und horizontaler Richtung
– Lesen (RDAT) und Schreiben (WDAT) des Bildwiederholspeichers
– Lesen (DMAR) und Schreiben (DMAW) des Bildwiederholspeichers im DMA-Betrieb
– Zeichnen von Linien, Rechtecken und Kreisbögen mittels GDC-Zeichnungsprozessor
– Füllen von Flächen sowie Textzeichenausgabe mittels GDC-Zeichnungsprozessor
– Setzen eines grafischen, nicht sichtbaren Cursors (CURS) und Abfrage der aktuellen Cursorposition (CURD)
– Lesen der Lichtstiftposition (LPRD)
– Lesen und Schreiben der im Palettenregister (Look up Table) abgespeicherten Farbtabelle mit oder ohne WAIT-Generierung.

Funktionsweise

Die Blockschaltung der Videosteuerung VIS3 ist in Bild 1 dargestellt. Wesentlich für das Verständnis ihrer Funktion ist das Zusammenspiel zwischen Grafik-Display-Controller (GDC) und Bildwiederholspeicher (BWS). Daran beteiligt sind, wie noch zu erläutern ist, das Write-Enable-Register (WRITEN-REG) und das Zoomregister (ZOOM-REG). Die Schaltungsteile Adreßdekoder (DEC), Datenbustreiber (DB-DRIV), Adreßbustreiber (AB-DRIV) und Paletteneingaberegister (PAL-INREG) dienen der Anpassung an den K1520-Systembus und sind in ihrer Funktion trivial. Sie sollen deshalb hier nicht weiter erläutert werden.

Grundfunktion

Der Datenaustausch zwischen GDC und BWS erfolgt ausschließlich über den gemultiplexten Adreß-/Datenbus des GDC, der BSW-seitig in einen Datenein- und Datenausgabebus sowie in einen Adreßbus aufgefächert wird. Das geschieht mit Hilfe des Adreßmultiplexers (ADR-MUX) und des Dateneingaberegisters (BWS-INREG). Ein Datenaustausch zwischen GDC und BWS findet immer dann statt, wenn der GDC einen Lese- oder Schreibzyklus (RMW-Zyklus) ausführt, das heißt im GDC ein Lese- oder Schreibkommando (z. B. RDAT, WDAT) in Bearbeitung ist. Speicherzyklen ohne Datenaustausch zwischen GDC und BWS werden ausgeführt, um den Inhalt des BWS ständig auf dem Bildschirm des Monitors darstellen zu können. Bei diesen sogenannten Displayzyklen liefert der GDC nur noch die fortlaufenden Adressen zum Auslesen der Speicherzellen des BWS, während ihr Inhalt, oder genauer gesagt das ausgelesene Displaywort, an die Videoschieberegister VSR übergeben wird. Diese erzeugen daraus durch Serialisierung die Videosignale, die anschließend vom Palettenregister (PAL-REG) manipuliert werden und nach Passieren des Videopuffers (VPU) und entsprechender Treiberstufen schließlich zum Monitor gelangen.

Bildwiederholspeicher

Eine Besonderheit auf der VIS3 ist die gewählte Aufteilung des BWS in 4 Bildebenen zur Realisierung von 4 Bit je Bildpunkt. In Bild 2 sind das für den GDC allgemein übliche Prinzip der Speicherbankaufteilung (Bild 2a) und die hier angewendete Aufteilung des Displaywortes in Segmente (Bild 2b) gegenübergestellt. Während der GDC bei der Arbeit mit Speicherbanken nur jede Bildebene einzeln und nacheinander ansprechen kann, also beim Zugriff auf einen Bildpunkt immer mehrere RMW-Zyklen ausführen muß, ist bei der Segmentierung der gleichzeitige Zugriff zu allen Bildebenen innerhalb eines RMW-Zyklus möglich. Das bringt einen erheblichen Geschwindigkeitsgewinn beim Bildaufbau mit sich und bietet darüber hinaus auch den Vorteil, bereits mit 16 Speicherschaltkreisen der Organisation 64 K ∗ 1 Bit vier Bildebenen realisieren zu können. Dabei wird zwar prinzipiell die maximal erreichbare Videotaktfrequenz eingeschränkt, was hier aber nicht weiter von Bedeutung ist. Auswirkungen hat es aber auf die GDC-Programmierung und die Schaltungskonzeption.
Hinsichtlich der Programmierung ist zu beachten, daß mit dem GDC-Cursorkommando sowohl die Adressierung des Displaywortes als auch die Auswahl des entsprechenden Bits innerhalb des Displaywortes erfolgt. Letzteres geschieht mit Hilfe des GDC-Maskenregisters, in dem das betreffende Maskenbit automatisch auf 1 gesetzt wird. Für die Wortsegmentierung müssen aber nicht nur das eine, sondern gleichzeitig alle 4 zu einem Bildpunkt gehörenden Bits modifiziert werden können. Deshalb ist hier zusätzlich nach dem GDC-Cursorkommando immer noch ein Maskenwort auszugeben, mit dem diese Bits nachträglich gesetzt werden. Wird dieser Grundsatz eingehalten, können trotz Segmentierung des BWS auch weiterhin alle GDC-Kommandos einschließlich des GDC-Zeichnungsprozessors im vollen Umfang genutzt werden.

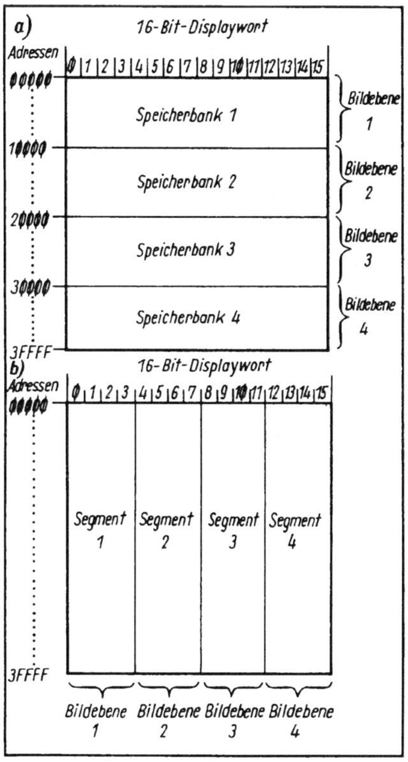

Bild 2 Aufteilung des BWS
a) nach Speicherbanken
b) nach Wortsegmenten

Schaltungstechnisch verlangt das Prinzip der Wortsegmentierung die Möglichkeit, Segmente bzw. Bildebenen während der Ausführung von RMW-Zyklen einzeln sperren und freigeben zu können. Das ist erforderlich, weil sonst auf Grund der oben beschriebenen Belegung des GDC-Maskenregisters Schreiboperationen des GDC immer in allen Bildebenen gleichzeitig ausgeführt werden würden. Auf der VIS3 wird diese Funktion vom Register WRITEN-REG übernommen. Es kann von der ZRE des K1520 geladen werden und maskiert jedes der 4 Schreibsignale des BWS entsprechend den 4 Segmenten des Displaywortes.

Palettenregister (Look up Table)

Das Palettenregister PAL-REG hat die üblichen Funktionen zu erfüllen. Es enthält eine Farbtabelle, die jeder Bitkombination eines Bildpunktes eine entsprechende Farbe zuordnet, und es kann von der ZRE des K1520 gelesen und geschrieben werden. Das Zugriffsregime, das heißt, ob das PAL-REG ständig oder nur während der Zeilenlücken ansprechbar ist, kann dabei über das CTRL-REG eingestellt werden. Im letzten Fall wird so lange ein WAIT-Signal an die ZRE des K1520 gesendet, bis eine Zeilenlücke erreicht wird.

Bildvergrößerung

Die hardwaregesteuerte Bildvergrößerung wird im wesentlichen durch den GDC selbst und einen programmierbaren Taktteiler realisiert. Vom Taktteiler werden der Übernahmetakt und der Schiebetakt der VSR abgeleitet. Seine Programmierung erfolgt durch Ausgabe des gewünschten Teilerverhältnisses an das Register ZOOM-REG. Erhält der GDC das Kommando ZOOM, führt er die Vergrößerung des Bildes in der Weise aus, daß er jede Displayzeile mehrfach wiederholt (vertikale Bilddehnung) und die Displayzyklen zeitlich verlängert (horizontale Bilddehnung). Die Verlängerung der Displayzyklen allein führt dabei aber noch nicht zur gewünschten horizontalen Bilddehnung. Sie wird erst wirksam, wenn damit auch gleichzeitig der Übernahmetakt und der Schiebetakt der VSR herabgesetzt werden. Das erfolgt, indem anschließend einfach ein neues Teilerverhältnis an das ZOOM-REG ausgegeben wird.

DMA-Betrieb

Beim DMA-Betrieb kann der GDC den BWS blockweise lesen und schreiben. Diese Fähigkeit des GDC ist auf der VIS3 ebenfalls nutzbar, allerdings ohne Unterstützung durch einen DMA-Controller. Die DMA-Zugriffe unterliegen hier voll der Programmsteuerung der ZRE des K1520, das heißt, die GDC-Signale DRQ und DACK sind softwaremäßig zu bedienen. Dabei wird das GDC-Signal DRQ über das Register CTRL-REG geschaltet.

Anwendung und Bezugsmöglichkeiten

Die Videosteuerung VIS3 ist insbesondere für die Einsatzfälle geeignet, wo ein bestehendes 8-Bit-Mikrorechnersystem durch ein grafikfähiges und farbtüchtiges Bildschirmausgabesystem ergänzt werden soll. Dabei ist es zweckmäßig, den in der Regel vorhandenen Alpha-Bildschirm beizubehalten, um so die Betriebs- und Anwendersoftware auch nach der Umrüstung noch unverändert nutzen zu können. In diesem Sinne ist die VIS3 in folgenden Mikrorechnersystemen verwendbar:

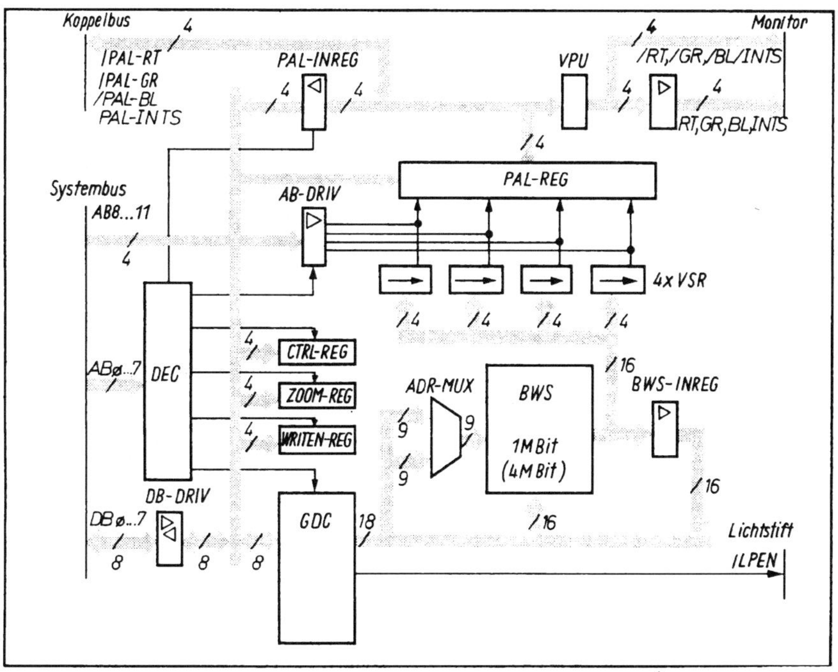

Bild 1 Blockschaltung VIS3

– Bürocomputer BC A 5120/5130
– Personalcomputer PC 1715 (Anschluß an internen Steckverbinder X1)
– Mikrorechnerfamilie MC 80
– Mikroprozessorsystem MPS 4944 (Anschluß über Adapter ADP1)
– anwenderspezifische K1520-kompatible Mikrorechnersysteme.

Natürlich besteht auch die Möglichkeit, auf den separaten Alpha-Bildschirm zu verzichten und sämtliche Bildschirmausgaben über den Farbmonitor zu leiten. Dies ist jedoch im allgemeinen mit sehr hohem Softwareänderungsaufwand verbunden und sicher nur in Ausnahmefällen sinnvoll.

Die Videosteuerung VIS3 wird vom VEB Mikroelektronik „Karl Marx" Erfurt, Ingenieurbetrieb für die Anwendung der Mikroelektronik, Struktur CI, Rudolfstr. 47, Erfurt, 5010, als nachnutzbare Lösung angeboten. Die Nachnutzung erfolgt über Nachnutzungsverträge und beinhaltet die Lieferung unbestückter Leiterplatten sowie des kompletten Unterlagensatzes der VIS3.

Begrenzte Bezugsmöglichkeiten bestehen auch beim Zentrum für elektronischen Gerätebau, Platz der DSF 17, Mittweida, 9250, und beim

Zentrum für wissenschaftlichen Gerätebau (ZWG), Abt. Absatz, Rudower Chaussee 6, Berlin, 1199.

Diese Kapazitäten sind jedoch vorrangig zur Abdeckung des Eigenbedarfs im Bereich des Ministeriums für Hoch- und Fachschulwesen bzw. der AdW und AdL der DDR bestimmt. Der Softwarevertrieb wird ausschließlich vom ZWG im Rahmen von Nachnutzungsverträgen durchgeführt.

wird fortgesetzt

Literatur

/1/ Quednow, W.: Vollgrafisches Display für Mikrorechner. Feingerätetechnik, Berlin 31 (1982) 12, S. 573

/2/ Grafikdisplay GDM 180 und GDM 180/1. Geräte-Information des ZWG, Berlin 1983

/3/ Puder, J.: Grafikdisplay GDM 183 und GDM 183/1. Feingerätetechnik, Berlin 33 (1984) 8, S. 374

/4/ Grafikdisplay GDM 183 und GDM 183/1. Geräte-Information des ZWG, Berlin 1984

/5/ Videosteuerung VIS3, Geräte-Information des ZWG, In Vorbereitung

/6/ Bankel, M.; Brückner, P.; Wolf, R.: Grafik-Interface mit dem U 82720. Mikroprozessortechnik, Berlin 1 (1987) 4, S. 99–103

/7/ De Paly, T.; Bürger, B.; Schnieck, H.-G.: 64-KBit-DRAM mit wahlfreiem Zugriff U 2164 C. Radio, Ferns., Elektron., Berlin 36 (1987) 4, S. 241–242 und 36 (1987) 5, S. 309–310

/8/ GDC U 8270 – Technische Beschreibung. VEB Mikroelektronik „Karl Marx" Erfurt, 1987

/9/ Dietze, K.-H.; Pilz, P.: Der Farbmonitor K7226 und seine Anschlußsteuerung. Neue Technik im Büro, Berlin 29 (1985) 2, S. 33–35

✉ KONTAKT ☏

Akademie der Wissenschaften der DDR, Zentrum für wissenschaftlichen Gerätebau, Rudower Chaussee 6, Berlin, 1199; Tel. 6743381

Moderne Mikrorechnersysteme

Prof. Dr. Peter Neubert, Ralph Willem, Karsten Künne
Technische Universität Dresden, Sektion Informationstechnik

In der Mikrorechentechnik haben neben den Speicherschaltkreisen vor allem die Mikroprozessoren eine gewaltige Weiterentwicklung erfahren. Neben der Erhöhung der Datenbreite und der Taktfrequenz bei Universalprozessoren wurden leistungsfähige Spezialprozessoren entwickelt, so daß zur Zeit eine große Anzahl von Prozessortypen verwendet wird. Dem wollen wir mit einer Übersichtsbeitragsfolge über die 16- und 32-Bit-Mikroprozessoren der i8086-Familie Rechnung tragen; dieser werden sich ausführliche Beiträge über den i8086 von Intel und den MC6800 von Motorola anschließen.

Wir meinen, daß wir damit unseren Lesern eine gute Ausgangsposition bei der Einarbeitung in diese neue Leistungsklasse in der Mikrorechentechnik bieten.

1. Einführung

In den vergangenen vier bis fünf Jahren hat sich auf dem Gebiet der Mikroprozessoren (MP) eine rasante Entwicklung vollzogen. Zur Zeit spricht man vom vollständigen Übergang von 8- zu 16-Bit-MP und dem immer breiteren Einsatz von 32-Bit-MP. Bild 1 stellt eine Art Stammbaum einiger ausgewählter MP dar /1/, /2/.

Dabei kann man den MP i8008 als „Vater" aller heutigen MP betrachten. Er stellte mit dem i4004 die ersten Versuche dar, eine aus der Prozeßrechentechnik bekannte Rechnerarchitektur „in Silizium zu gießen". Aus diesen entwickelten sich mehrere Prozessorlinien, von denen drei im obigen Bild auszugsweise dargestellt sind. 1976 entstanden die ersten 16- und Mitte der 80er Jahre die ersten 32-Bit-MP. Inhalt dieses Beitrages soll es sein, die 16- und 32-Bit-MP von Intel vorzustellen und die Geradlinigkeit der Entwicklung dieser Reihe aufzuzeigen.

2. Das System MCS-86

2.1. Bestandteile einer funktionsfähigen Zentraleinheit

Das System MCS-86 gestattet den einfachen Entwurf von Mehrrechnersystemen. Es unterstützt zwei Typen von Prozessoren:
– unabhängige Prozessoren, welche ihren eigenen Befehlsstrom bearbeiten (E/A-Prozessor)
– Coprozessoren, welche ihren Befehlsstrom von einem anderen unabhängigen Prozessor erhalten.

Um eine effektive Anpassung an die gegebenen Anwendungsbedingungen zu erreichen, kann der 8086/8088 in zwei Arbeitsmodi betrieben werden. Für beide Modi gilt gemeinsam:
– Der direkt adressierbare Speicherraum beträgt 1 MByte.
– Der E/A-Adreßraum ist 64 KByte groß.
– Die Adreß- und Dateninformationen werden, auf Grund der begrenzten Pinzahl des Gehäuses der CPU, zeitmultiplex übertragen.
– Die Taktversorgung der CPU wird durch einen speziellen Taktgenerator realisiert. Dieser erzeugt den Takt mit einem Tastverhältnis von 2:1, synchronisiert das Resetsignal und generiert das Readysignal für die CPU.

Das jeweilige Arbeitsregime wird durch die Beschaltung des MN/MX-Pins der CPU festgelegt (Tafel 1).

Alle im folgenden für den 8086 gemachten Aussagen gelten sinngemäß auch für den 8088, wenn beachtet wird, daß der 8088 nur einen 8 Bit breiten externen Datenbus besitzt.

2.1.1. Der Minimummode

Soll die 8086-CPU in kleineren oder mittleren Systemen zur Anwendung kommen, so kann der Minimummode verwendet werden. In diesem Arbeitsmode generiert die CPU alle notwendigen Steuersignale selbst. Um die Zusammenarbeit mit z. B. einem DMA-Schaltkreis zu ermöglichen, ist ein einfaches Busübergabeprotokoll implementiert (HOLD,

Tafel 1 Beschaltung des MN/MX-Pins der CPU

MN/MX	Arbeitsweise
1	Minimummode
0	Maximummode

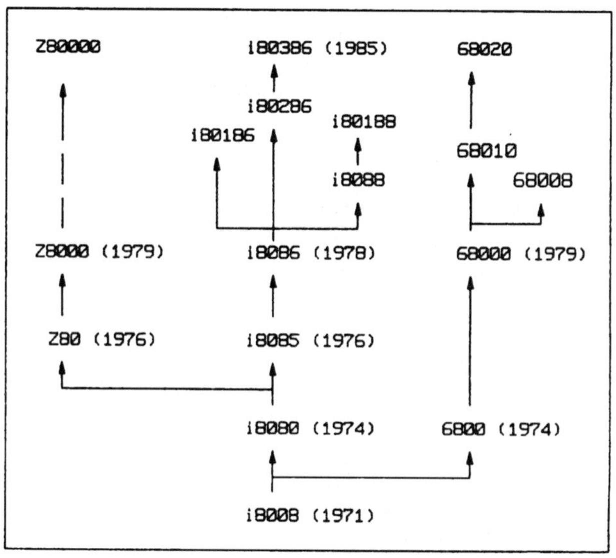

Bild 1 Entwicklung ausgewählter Mikroprozessoren

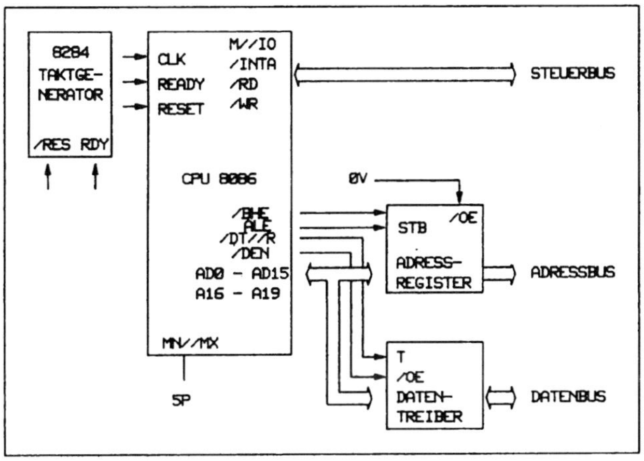

Bild 2 8086 im Minimummode

Bild 3 8086 im Maximummode

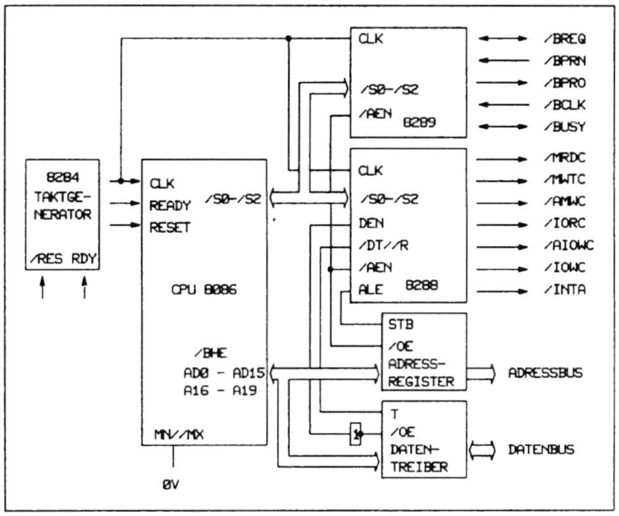

HOLDA). Die Anschaltung von Coprozessoren oder der Einsatz in Multimastersystemen ist damit nicht möglich. Bild 2 stellt eine im Minimummode arbeitende ZVE dar. Die Register und Datentreiber werden benötigt, um den zeitmultiplexen Adreß- und Datenbus zu trennen.

2.1.2. Der Maximummode

Die volle Leistungsfähigkeit, insbesondere in Mehrrechnersystemen, kann der 8086 nur im Maximummode erreichen. Auch der Einsatz von Coprozessoren ist nur im Maximummode möglich. Für diese zusätzlichen Möglichkeiten müssen von der CPU weitere Steuerfunktionen realisiert werden, wodurch sich eine Umbelegung von Pins notwendig macht. Durch den Einsatz von je einem speziellen Schaltkreis für die Busverwaltung und die Bussteuerung werden an der CPU weitere Steuerleitungen frei. Bild 3 zeigt den typischen Aufbau eines 8086 im Maximummode. Mit den /RT/ /GTO- und /RT/ /GT1-Leitungen wird die Kopplung von Coprozessoren ermöglicht.

Die Verwaltung des Zugriffs auf den Multibus realisiert der Busarbiter 8289. Die Steuerung der Busarbeit bei zugeteiltem Bus übernimmt der Buscontroller 8288. Die Funktion dieser beiden ICs soll in den folgenden Abschnitten näher erläutert werden.

2.1.2.1. Bussteuerschaltkreis 8288

Im Maximummodesystem übernimmt der 8288 alle notwendigen Steuerfunktionen für den Systembus sowie für die Steuerung der Adreß- und Datentreiber. Bild 4 zeigt eine Blockschaltung dieses IC.

Die CPU gibt drei Statussignale an beide Steuerbausteine aus. In diesen drei Signalen sind die durchzuführenden Zyklen nach Tafel 2 kodiert.

Entsprechend den empfangenen Statussignalen aktiviert der 8288 die notwendigen Lese-, Schreib- oder andere Kommandoleitungen. Des weiteren sind Steuerleitungen für die Adreßregister (ALE) und Datentreiber (DT//R, DEN) zum Demultiplexen des Adreß-/Datenbusses der CPU vorhanden. Ihre Wirkungsweise ist im Taktdiagramm nach Bild 5 dargestellt. Ein Buszyklus besteht mindestens aus vier Takten. Mit dem high-aktiven Signal ALE werden die Adressen in die Register eingeschrieben. Das Signal DEN öffnet die Datentreiber. Ihre Übertragungsrichtung legt das Signal DT//R fest. Der Buscontroller besitzt weiterhin Eingänge zu seiner eigenen Steuerung. Wichtig ist hier vor allem der Eingang /AEN, welcher die Mehrrechnerfähigkeit gestattet. Wird /AEN inaktiv, so gehen alle Kommandoausgänge in tri-state. Damit können mehrere 8288 an einem Bus arbeiten. Die /AEN-Erzeugung ist Aufgabe des Busverwalters 8289.

Tafel 2 Kodierung der Buszyklen in den Statussignalen

/S2	/S1	/S0	Buszyklus
0	0	0	Interruptannahmezyklus
0	0	1	E/A-Lesezyklus
0	1	0	E/A-Schreibzyklus
0	1	1	Halt
1	0	0	Befehlsholezyklus
1	0	1	Speicher-Lesezyklus
1	1	0	Speicher-Schreibzyklus
1	1	1	Kein Buszyklus

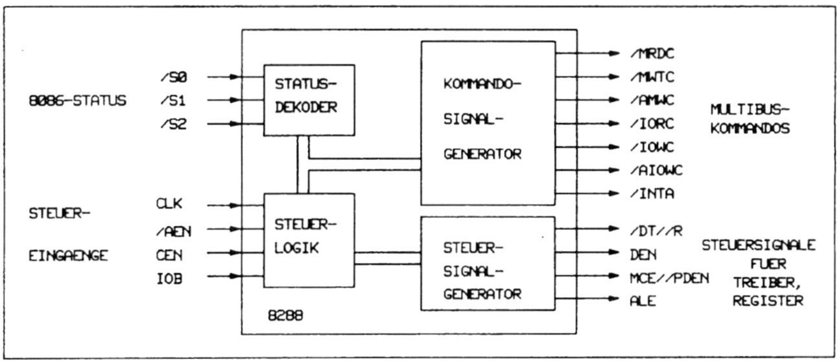

Bild 4 Blockschaltung des 8288

Bild 5 Taktdiagramm eines Buszyklus

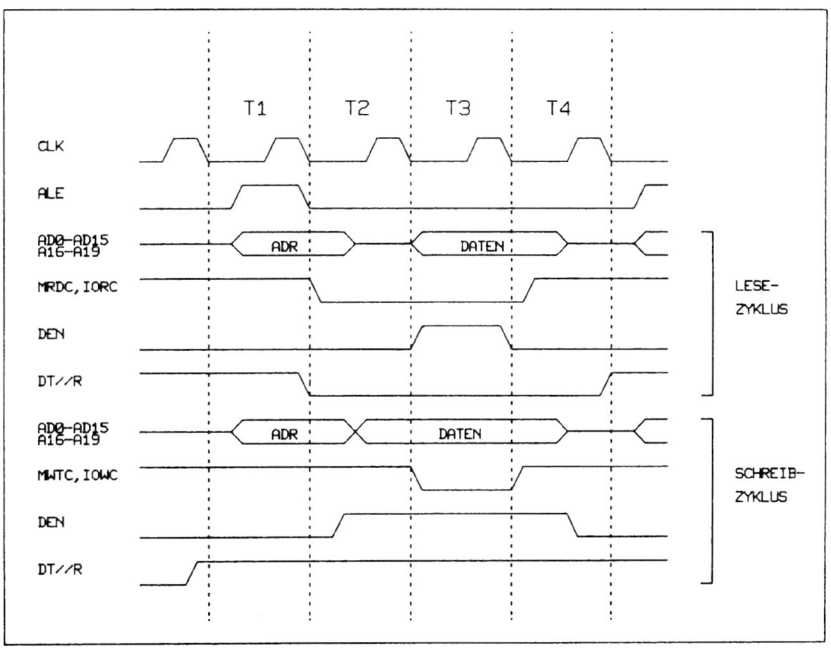

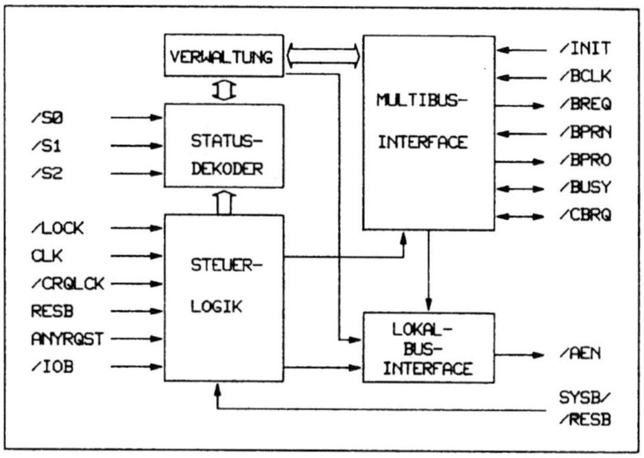

Bild 6 Blockschaltung des Busverwalters 8289

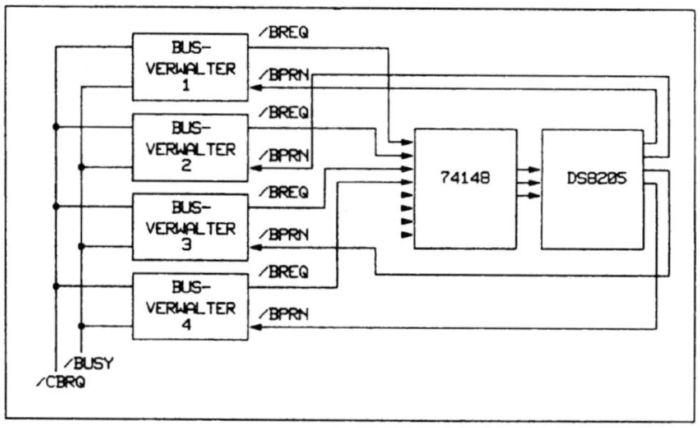

Bild 8 Parallele Prioritätsentscheidung bei Busvergabe

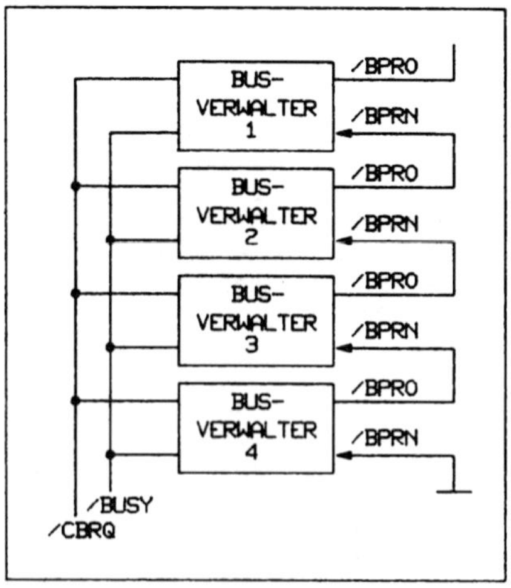

Bild 7 Serielle Prioritätsentscheidung bei der Busvergabe

2.1.2.2. Busverwalter 8289

Der Busverwalter realisiert gemeinsam mit dem 8288 die Kopplung von 8086/8088/8089-MP an den Multibus. Er steuert den Zugriff auf den gemeinsamen Bus. Verbietet er den Buszugriff, so führt die CPU Waitzyklen aus. Damit bleibt die Arbeit des Arbiters transparent für die CPU. Bild 6 zeigt eine Blockschaltung dieses IC.
Man kann vier Signalgruppen unterscheiden:
1. Multibus-Kommandosignale
Sie dienen der Steuerung der Busanforderung und -vergabe.
2. CPU-Statussignale
Sie legen den jeweiligen Zyklus fest und lösen, wenn notwendig, eine Busanforderung aus.
3. Systemsignale
Steuersignal für Buscontroller sowie Adreßregister
4. Busverwaltersteuerung
Signale, um den Busverwalter an die jeweilige Konfiguration anzupassen.

Für die Busvergabe selbst werden zwei Prioritätsmodi angewendet:
- serielle Prioritätskette (daisy chain)
- parallele Prioritätsentscheidung.

Die Bilder 7 und 8 stellen beide Varianten dar.
Die serielle Verkopplung der Arbiter benötigt den geringsten Aufwand. Hier ist allerdings die Anzahl der in einem System möglichen Busarbiter begrenzt. Bei 10 MHz Bustakt können maximal drei Arbiter in Reihe geschaltet werden. Sollen mehr als drei Master gekoppelt werden, so muß entweder der Bustakt verringert werden oder die parallele Verwaltungslogik zur Anwendung kommen.
Für beide Varianten gilt, daß immer der Rechner am Bus arbeiten kann, wo der /BPRN-Eingang des zugeordneten Arbiters aktiv ist. Das aktive Signal /BUSY zeigt an, daß der Bus genutzt wird.

2.1.3. Interruptsystem und programmierbarer Interruptcontroller 8259A

Das Unterbrechungssystem des 8086 ist einfach und dennoch sehr leistungsfähig. Es sind bis zu 256 verschiedene Unterbrechungen möglich. Alle Unterbrechungen sind vektororganisiert. Die Interrupttabelle beginnt auf der Adresse 0000:0000 und enthält für jede Unterbrechung zwei 16-Bit-Wörter, welche die Adresse der Behandlungsroutine darstellen. Bei einer Unterbrechung wird der CPU nur der Typ(Nummer) der Unterbrechung mitgeteilt. Durch Multiplikation des Typs mit 4 ermittelt die CPU den Zeiger in die Interrupttabelle. Die Interruptquellen können interner und externer Natur sein.
Interne Interrupts sind:

Division durch 0	Typ 0
Einzelschritt	Typ 1
Überlauf	Typ 4
Softwareinterrupt	Typ n

(durch die Anweisung INT n ausgelöst).
Externe Interrupts können sein:

NMI	Typ 3
maskierbare Interrupts	Typ entsprechend PIC-Programmierung.

Nur bei externen maskierbaren Unterbrechungen wird der Typ mittels eines Interruptannahmezyklus über den Datenbus übertragen. Alle anderen Unterbrechungen besitzen vordefinierte Typen.
Die Peripherieschaltkreise von Intel unterstützen keinen vektorisierten Interrupt. Da die CPU den Typ zur ordentlichen Behandlung benötigt, gibt es einen Interruptcontroller, welcher die Unterbrechungsanforderungen der peripheren Bauelemente annimmt und einen entsprechenden Typ zur CPU überträgt. Bild 9 zeigt das Blockschaltbild dieses Controllers.
Der PIC bedient 8 externe Interruptquellen. Ihre Priorität ist untereinander frei programmierbar. Durch das Maskenregister können einzelne Interrupteingänge maskiert werden. Die Steuerlogik realisiert das notwendige Signalspiel zur Unterbrechungsanmeldung an die CPU und die Übergabe des Interrupttyps. Über die Schreib-/Leselogik können der Baustein programmiert und die Statusregister gelesen werden.
Die Kaskadierungseinheit erlaubt die Kaskadierung von PICs. Damit können maximal 64 externe Interrupts behandelt werden. Zu diesem Zweck werden die Interruptanmeldungsleitungen der Slave-PIC mit je einem IR n Eingang des Master-PIC verbunden. Die Prioritätsentscheidung geschieht nun in zwei Stufen. In der ersten Ebene wird vom Master-PIC der Slave-PIC mit der höchsten Priorität ermittelt und dessen Adresse über CAS0-CAS2 an die Slave-PICs ausgegeben. Der so angesprochene Slave-PIC sendet nun den Typ der höchstpriorisierten Interruptanforderung an die CPU.
Durch eine sehr freizügige Programmierung kann der PIC allen Systemerfordernissen angepaßt werden.

2.2. Die CPU 8086

Die CPU 8086 ist in einem 40-Pin-DIL-Gehäuse untergebracht. Sie besitzt einen zeitmultiplexen Adreß-/Datenbus.

2.2.1. Architektur des 8086

Bild 10 zeigt die Architektur des 8086 /3/. Man kann die CPU in zwei Einheiten teilen, in die Businterfaceeinheit (BIU) und die Befehlsausführungseinheit (EU).
In der BIU sind die Segmentregister, die Bussteuerlogik, eine 6 Byte lange (8088 nur 4 Byte) Befehlswarteschlange und der Befehlszähler (IP) untergebracht.
Die EU enthält die Universalregister, das Flagregister, die ALU und ihr Steuersystem. Beide Einheiten arbeiten asynchron. Benötigt die EU einen Zugriff zu E/A-Geräten oder Speichern, sendet sie eine Busanforderung zur BIU. Wenn zu diesem Zeitpunkt kein Buszyklus läuft, gibt die BIU dieser Anforderung statt und beginnt den Zyklus. Andernfalls führt die EU Wartetakte aus. Liegen keine EU-Busanforderungen vor, so füllt die BIU die 6 Byte lange Befehlswarteschlange auf. Aus dieser Warteschlange holt sich die EU die Befehlscodes; dafür werden von der EU keine Buszyklen angefordert.

2.2.2. Registersatz

Die CPU 8086 besitzt 14 16-Bit-Register. Sie lassen sich in folgende Gruppen einteilen:
- Datenregister
- Pointer- und Indexregister
- Segmentregister

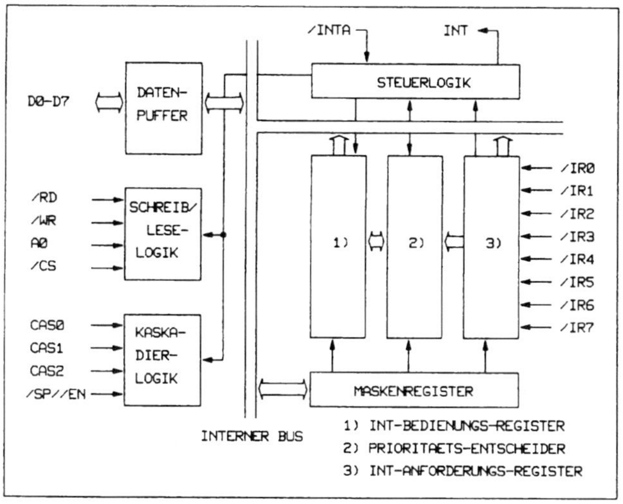

Bild 9 Blockschaltung des PIC 8259A

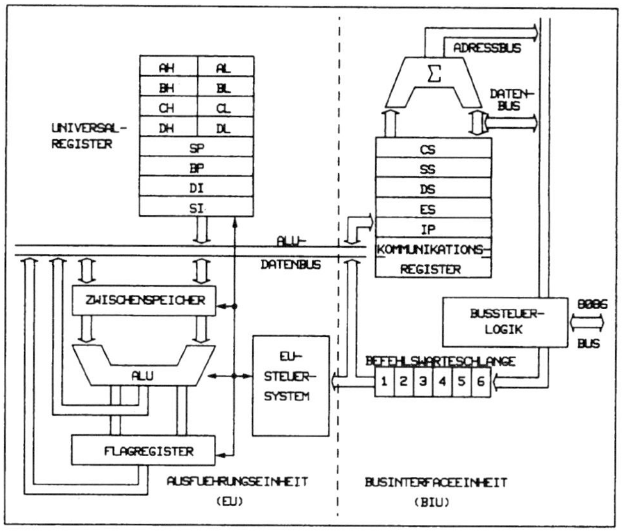

Bild 10 Architektur der CPU 8086

– Flagregister und Befehlszähler.
Die Datenregister können alle als 8-Bit-Register verwendet werden. Auf alle anderen Register kann nur in Wortbreite zugegriffen werden. Die Datenregister können in fast allen logischen und arithmetischen Operationen als Operandenspeicher dienen. Um eine kompaktere Kodierung zu erreichen, nutzen einige Befehle Daten-, Pointer- und Indexregister implizit.
– Register CX dient als Zählregister für Schleifen, Rotationen und Verschiebungen.
– Register DX kann eine 16-Bit-E/A-Adresse beinhalten.
– Register SP arbeitet als Stackpointer.
– Register SI und DI enthalten Quell- bzw. Zieladresse bei Kettenoperationen.

Der gesamte Speicherraum von 1 MByte ist physisch in zwei Bänke und logisch in maximal 64 KByte lange Segmente untergliedert. Die zwei physischen Speicherbänke besitzen jeweils eine Datenbreite von 8 Bit und enthalten die Speicherzellen nach gerader und ungerader Adresse getrennt. Bei Wortzugriffen wird mit beiden Bänken gleichzeitig, bei Bytezugriffen nur mit der angesprochenen Bank gearbeitet. Die Auswahl erfolgt durch die Adreßleitung AO und das Steuersignal /BHE (/BHE = 0 gibt an, daß Daten auf D8-D15 übertragen werden). Logisch kann die CPU zu jedem Zeitpunkt auf vier verschiedene Segmente zugreifen, deren Anfangsadressen in den vier Segmentregistern stehen.
Das CS-Register enthält immer den Anfang des aktuellen Kodesegments. Aus diesem Segment wird immer der Befehlsstrom entnommen.
Das SS-Register zeigt immer auf den Anfang des Stacksegmentes. Alle Kelleroperationen laufen in diesem Segment ab.
Das ES- und DS-Register zeigen auf den Anfang des Daten- bzw. Extrasegmentes. Diese Segmente enthalten normalerweise Variablen. Alle beide werden bei Kettenoperationen genutzt.
Der IP enthält den Offset im aktuellen Kodesegment. In ihm steht immer die Adresse des nächsten durch die BIU einzulesenden Befehls. Zwischen der Adresse des nächsten durch die EU auszuführenden Befehls und der Adresse des nächsten durch die BIU einzulesenden Befehls kann auf Grund der Befehlswarteschlange ein Unterschied sein. Deshalb wird der IP-Inhalt vor allen Operationen, die das Register IP speichern, korrigiert, und er enthält dann die Adresse des nächsten abzuarbeitenden Befehls.
Im Flagregister sind Steuer- und Statusbits untergebracht. Neben den Standardbits für Übertrag (CF), Vorzeichen (SF), Null (ZF), Parität (PF) und Überlauf (OF) sind noch weitere Informationen verfügbar.
AF – Hilfsübertrag:
Kennzeichnet den Übertrag von Bit 3 nach Bit 4 eines Bytes.
TF – Trap-Flag:
Wird dieses Bit gesetzt, so arbeitet die CPU im Einzelschrittbetrieb, das heißt, nach der Ausführung jedes Befehls wird ein Interrupt vom Typ 1 ausgelöst.
IF – Interruptflag:
Durch Rücksetzen dieses Bits können alle maskierten Interrupts verboten werden.
DF – Richtungsflag:
Dieses Richtungsflag bestimmt, ob die Inhalte des DI- und SI-Registers dekrementiert oder inkrementiert werden (Kettenoperationen). Ist DF = 1, so werden die Indexregister dekrementiert.

2.2.3. Adressierung

Eine Adreßangabe besteht beim MCS-86-System immer aus zwei Teilen:
1. Startadresse des Segments
2. Verschiebung innerhalb des Segments.
Die Startadresse der Segmente wird den Segmentregistern entnommen. Die Verschiebung, oder effektive Adresse (EA) genannt, wird mittels der unter 2.2.3.2. beschriebenen Adressierungsarten bereitgestellt.

2.2.3.1. Umwandlung der logischen in die physische Adresse

Die Startadresse des Segments und die EA sind 16-Bit-Wörter. Der direkt adressierbare Speicherraum erfordert eine 20-Bit-Adresse. Die CPU errechnet die physische Adresse nach folgender Vorschrift:
1. Inhalt des Segmentregisters um 4 Bit nach links verschieben, dazu rechts Nullen einschieben.
2. EA mit Nullen auf 20 Bit ergänzen (links).
3. Beide Größen addieren.
Aus dieser Vorschrift folgt, daß Segmente nur an einer durch 16 teilbaren Adresse beginnen können. Im allgemeinen wird folgende Darstellung benutzt:
Segmentadresse: effektive Adresse
Fehlt die Segmentangabe, so werden vordefinierte Standards verwendet.

2.2.3.2. Adressierungsarten

1. Speicheradressierung

– direkte Adressierung:
Die EA wird direkt dem Befehl entnommen.
– Register-indirekte Adressierung:
Die EA befindet sich in einem Basis- oder Indexregister.
– Basisadressierung:
Die EA ergibt sich aus der Summe des BP- oder BX-Registers mit einer Verschiebung.
– Indizierte Adressierung:
Wie bei der Basisadressierung, nur daß statt BP oder BX DI oder SI genutzt werden.
– Basisindirekte Adressierung:
Die EA errechnet sich aus der Summe eines Basisregisters, eines Indexregisters und einer Verschiebung.

2. E/A-Adressierung

– Direkte Adressierung:
Die E/A-Adresse wird dem Befehl entnommen. Der E/A-Adreßraum beträgt 256 Byte.
– Indirekte Adressierung:
Das Register DX enthält die E/A-Adresse. Der E/A-Adreßraum ist hier 64 KByte groß.

2.2.4. Befehlssatz

Der Befehlssatz des 8086 kann in folgenden 6 Gruppen eingeteilt werden.

Transportbefehle
Die Gruppe der Transportbefehle realisiert die Übertragung von Bytes oder Wörtern. Es gibt spezifische Befehle zur Behandlung des Stacks (POP, PUSH). Transportbefehle führen keine Speicher-Speicher-Übertragungen durch. Ebenso gibt es keine Bitmanipulationsbefehle. Einen besonderen Befehl dieser Gruppe stellt XLAT dar. Er führt einen tabellenorientierten Transport aus. Das Register AL wird dabei als Index in eine durch BX adressierte, max. 256 Byte lange Tabelle genutzt. Das so ausgewählte Byte wird abschließend in AL abgelegt.

E/A-Befehle
Es können 8- oder 16-Bit-Operanden eingelesen oder ausgegeben werden.

Arithmetisch-logische Befehle

Alle vier Grundrechenarten werden für 8- und 16-Bit-Integer- und ungepackte Dezimalzahlen ausgeführt. Alle logischen Operationen verarbeiten Bytes oder 16-Bit-Wörter. Es stehen die Operationen Negation, UND, ODER, exklusiv ODER, arithmetisch/logisch Verschieben und die Rotation zur Verfügung.

Kettenoperationen

Mit dieser Befehlsgruppe können Zeichenketten effektiv bearbeitet werden. Sie umfaßt Befehle

- zum Transport
- zum Vergleich
- zur Substraktion und
- zum Transport vom oder zum Akkumulator von Zeichenketten.

Steuerungsübergabe

Man kann vier Klassen von Steuerungsübergaben festlegen:

1. CALLs, JMPs, RETs
2. bedingte Übergaben
3. Wiederholungssteuerung
4. Unterbrechungen.

Die erste Gruppe erlaubt unbedingte Programmverzweigungen, das aktuelle Kodesegment kann dabei verlassen werden.

Die zweite Gruppe realisiert Programmverzweigungen in Auswertung vorangegangener arithmetisch-logischer Operationen. Das Verzweigungsziel muß im Bereich von −128 bis +127 Byte von der Absprungstelle liegen. Das aktuelle Kodesegment kann nicht verändert werden.

Die dritte Gruppe erlaubt die Wiederholung von Programmteilen. Die Anzahl der Wiederholungen ist vorher in CX abzulegen. Der mögliche Sprungbereich entspricht dem der Gruppe 2.

Die vierte Gruppe entspricht den schon beschriebenen Softwareinterrupts. Die Unterbrechungen aktualisieren das Kodesegment immer.

Prozessorsteuerung

Die Befehle zur Prozessorsteuerung umfassen folgende Anweisungen bzw. Anweisungsgruppen:

- Anweisungen zur Flagbearbeitung. Es kann das CF-, DF- und OF-Flag gesetzt oder rückgesetzt werden.
- Die Haltanweisung bringt den Prozessor in den Haltzustand, ein Verlassen dieses Zustandes ist nur durch Reset oder eine Unterbrechung möglich.
- Die Ausführung der Waitanweisung erzwingt vom Prozessor so lange Waitzyklen, bis das Signal am TEST-Pin aktiv ist. Damit kann die Arbeit des 8086 mit Coprozessoren synchronisiert werden.
- Die Escapeanweisung erzeugt einen Mechanismus, der es anderen Prozessoren erlaubt, ihre Befehle dem 8086-Befehlsstrom zu entnehmen und die 8086-Adreßmodi zu nutzen. Der 8086 führt diese Anweisungen nicht aus, organisiert aber die Bereitstellung der Operanden.
- Buslock verhindert die Abgabe des Systembusses für den folgenden Befehl.

2.3. Coprozessoren

Der Einsatz von Coprozessoren dient der effektiven Lösung von speziellen Problemen und damit der Erhöhung der Leistungsfähigkeit. In den folgenden Abschnitten sollen der Arithmetik- und der E/A-Prozessor als zwei typische Vertreter kurz vorgestellt werden.

2.3.1. Arithmetikprozessor 8087

Der Arithmetikprozessor übernimmt im MCS-86-System alle Aufgaben der numerischen Verarbeitung von Festkomma-, Gleitkomma- und BCD-Zahlen bis zu einer Breite von 80 Bit. Gemäß der in 2.1. dargelegten Einteilung stellt der Arithmetikprozessor einen Coprozessor dar. In Bild 11 ist zu erkennen, daß der 8087 zum 8086 parallel geschaltet ist /4/. Beide Prozessoren nutzen die Systembusinterfacebausteine gemeinsam. Der Zugriff auf den gemeinsamen lokalen Bus wird durch die Request-/Grant-Leitungen (/RQ/ /GT) zwischen beiden MPs gesteuert. Aktiviert wird der Arithmetikprozessor durch die Ausführung eines Escape-Befehls. Dazu hört der 8087 den Befehlsstrom des 8086 nach solch einer Anweisung ab. Findet er eine, so ist er mittels der Analyse der Befehlsschlangenstatussignale (/QS0, /QS1) in der Lage, zu erkennen, wann der Escapebefehl abgearbeitet wird. Die Synchronisation beider Prozessoren geschieht über die TEST-Leitung des 8086, so daß er erkennen kann, wann der 8087 eine Operation beendet hat. Zur Signalisierung von Ausnahmezuständen (z. B. Division durch Null) kann der 8087 einen maskierbaren Interrupt auslösen.

Der Befehlssatz umfaßt die folgenden sechs Gruppen:

Transportbefehle

Sie dienen zum Laden und Speichern der Register des 8087. Da intern immer mit einer Breite von 80 Bit gearbeitet wird, findet hier auch sofort eine Konvertierung in die entsprechenden Formate statt.

Arithmetische Befehle

In dieser Gruppe befinden sich die Befehle zur Ausführung der Grundrechenarten, der Bildung der Quadratwurzel, des Vorzeichenwechsels, der Absolutwertbildung und weiterer einfacher mathematischer Funktionen.

Logische Operationen

Die Logikbefehle beinhalten den Vergleich von Variablen und die Trennung von Exponent und Mantisse bei Gleitkommazahlen.

Transzendentale Funktionen

Als transzendentale Funktionen stehen der Tangens, der Arcustangens und verschiedene Logarithmenfunktionen zur Verfügung.

Konstantenbereitstellung

Ausgewählte Konstanten, wie 0, 1, pi, lg2, ln2, ld10, lde, sind im 8087 direkt abrufbar.

Prozessorsteuerung

Diese Befehlsgruppe ermöglicht die Steuerung des 8087. Folgende Funktionen sind ausführbar:

- Rundung

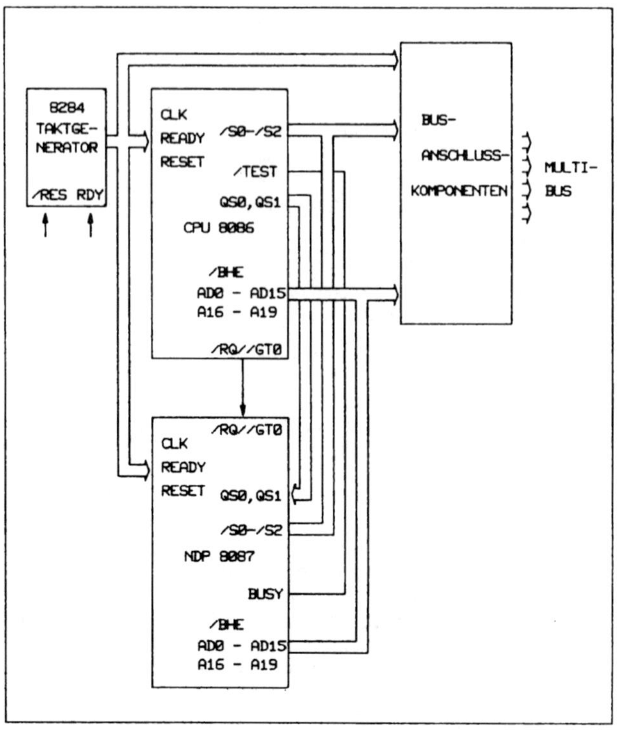

Bild 11 MCS-86 System mit Arithmetikprozessor

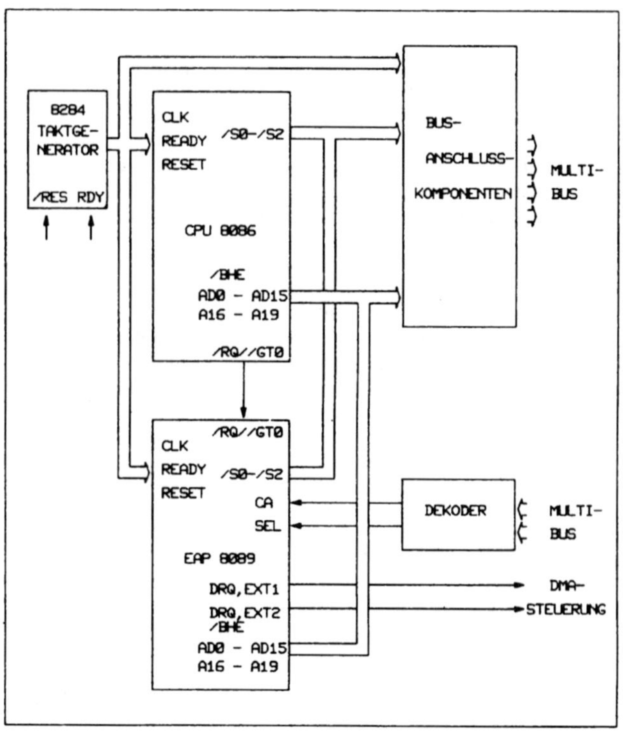

Bild 12 EAP 8089 im lokalen Arbeitsmode

– Fehlerbehandlung
– Abspeichern des gesamten Registersatzes
– Laden des gesamten Registersatzes.
Abschließend sind die vom 8087 verarbeitbaren Datentypen aufgelistet:

Integer:	
Wort	16 Bit
Short	32 Bit
Long	64 Bit
BCD gepackt:	
18 Stellen	
Real:	
Short	32 Bit
Long	64 Bit
Temporary	80 Bit.

Intern werden alle Operationen mit 80 Bit Breite ausgeführt. Speicheroperanden können nur eine Breite von 8 Byte haben.

2.3.2. E/A-Prozessor (EAP) 8089

Trotz integrierter Peripheriebausteine, wie PIO, SIO und CTC, stellen die Steuerung dieser Bausteine und die Datenübertragung eine hohe Belastung für die CPU dar. Eine Entlastung der CPU brachte die Entwicklung von DMA-Controllern. Diese werden aber immer noch in Zeitteilung mit der CPU betrieben und müssen von ihr überwacht werden. Eine völlig neue Lösung stellt die Entwicklung von E/A-Prozessoren dar. Der zum MCS-86 gehörende unabhängige Prozessor 8089 entlastet die CPU von zeitaufwendigen Transportaufgaben.

2.3.2.1. Arbeitsmodi

Der EAP 8089 kann in zwei Arbeitsmodi betrieben werden:
1. lokale Betriebsart
2. unabhängige Betriebsart.

In der im Bild 12 dargestellten lokalen Betriebsart wird der EAP ähnlich dem 8087 zur CPU parallel geschaltet. Durch die Zeitteilung am gemeinsamen lokalen Bus kann hier natürlich die volle Systemleistung nicht erreicht werden. Der Buszugriff wird wieder über die /RQ/GT-Leitung gesteuert. Der EAP erfüllt in solchen Konfigurationen vor allem zeitaufwendige Transportoperationen mit DMA-Geschwindigkeit.
Bild 13 stellt den EAP in der unabhängigen Betriebsart dar /5/. Er verfügt in diesem Arbeitsmode über einen eigenen lokalen und einen Anschluß an den Multibus. Der Busarbiter und der Busverwalter lassen sich durch geeignete Beschaltung so programmieren, daß alle Speicheroperationen über den Multimasterbus und alle E/A-Operationen über den lokalen Bus ablaufen. Der EAP selbst kann sein Programm aus dem Systemspeicher oder seinem lokalen E/A-Bereich beziehen. Damit wird eine volle Parallelarbeit zur CPU möglich.
Für beide Arbeitsmodi gilt, daß der EAP immer sein eigenes Programm abarbeitet. Er empfängt seine Befehle also nicht aus dem Befehlsstrom des 8086.

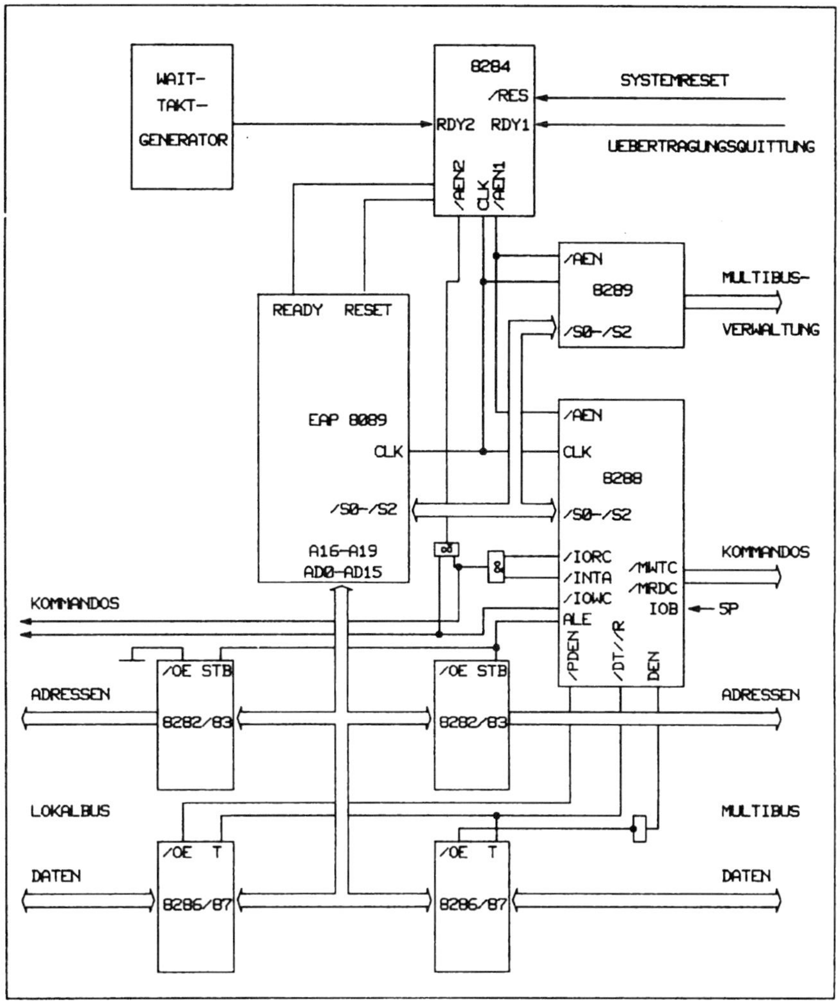

Bild 13 EAP 8089 in der unabhängigen Betriebsart

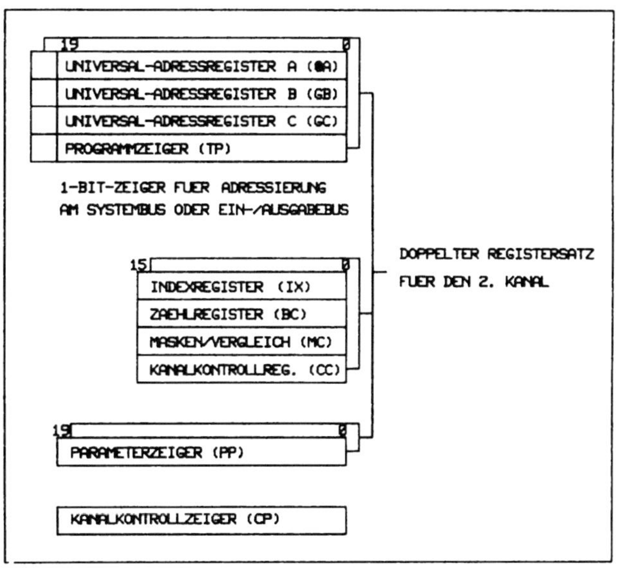

Bild 14 Registersatz des EAP 8089

2.3.2.2. Architektur und Leistungsmerkmale

Der 8089 kann, wie auch der 8086, einen Speicherraum von 1 MByte und einen E/A-Adreßraum von 64 MByte direkt ansprechen. Die Busbreite (8 oder 16 Bit) ist für beide Busse, den Systembus und den lokalen Bus, getrennt programmierbar. Es sind auch Mischvarianten möglich, so zum Beispiel ein 16-Bit-Systembus und ein 8 Bit breiter lokaler Bus. Die Konvertierung beider ineinander führt der EAP automatisch aus. Die zwei unabhängigen DMA-Kanäle werden durch je ein Signal aktiviert. Im Ruhezustand besteht also keine Busbelastung. Der Registersatz dieses Prozessors ist in Bild 14 dargestellt /5/. Er ist für jeden Kanal einmal vorhanden. Die Register GA, GB und GC sind Adreßregister und besitzen eine Breite von 21 Bit. Im Normalbetrieb sind sie universell verwendbar, während DMA-Operationen beinhalten sie die Ziel- und Quelladresse sowie die Adresse für eine mögliche Übersetzungstabelle. Mittels dieser Übersetzungstabelle kann während des DMA-Betriebs eine Kodetransformation vorgenommen werden. Das Bit 20 dient als Zeiger, ob sich die adressierte Speicherzelle am lokalen Bus oder am Systembus befindet.
Das TP-Register entspricht dem Befehlszähler.
Ein zweiter Block enthält ein Index-, ein Zähl-, ein Masken- und ein Kanalsteuerregister. Außer dem Kanalsteuerregister können alle diese 16-Bit-Register bei Nicht-DMA-Betrieb universell eingesetzt werden. Das PP-Register enthält die Adresse des Parameter-

blocks, welcher zur Kommunikation mit der CPU genutzt wird. Die Adresse des Steuerblocks wird in dem Register CP abgelegt. Es ist nur einfach vorhanden.
Die Initialisierung des EAP geschieht in mehreren Ebenen und wird von der CPU gestartet. Dabei liest der EAP durch Adressen verkoppelte Steuerblöcke ein und findet so die Startadresse der Kanalprogramme. Der EAP besitzt einen eigenen Befehlssatz und benötigt zur Übersetzung einen eigenen Assembler, welcher nicht im 8086-Assembler enthalten ist.

Literatur

/1/ Matasatoshi, S.: 16-Bit-Chip genügt Mikro- und Minicomputeranforderungen. Elektronik 1979, Heft 8, S. 83–87

/2/ Roth, M.: Mikroprozessoren. Wissenschaftliche Zeitschrift der TH Ilmenau, Ilmenau 1979

/3/ 8086 User's manual. Intel Corp. 1979

/4/ Dorn, L.: Mathematik-Coprozessor: hundertmal schneller als Software. Elektronik 1981, Heft 24, S. 57–61

/5/ Dorn, L.: Ein neuer Mikroprozessortyp: Ein-/Ausgabeprozessor. Elektronik 1980, Heft 3, S. 75–80

✉ KONTAKT ☎

Technische Universität Dresden, Sektion Informationstechnik, Bereich Kommunikations- und Computertechnik, Mommsenstr. 13, Dresden, 8027; Tel. 4 63 22 30

RAM-Disk für K-1520-Systeme

Wolfram Kammer, Wolfgang Spindler
VEB Elektronische Bauelemente Teltow

RAM-Disks sind nützliche Einrichtungen, die wohl besonders von denjenigen sehr geschätzt werden, die an Rechnern mit Kassettenbandspeichern ihre Geduld üben müssen. Aber auch im Vergleich zur Diskette kann die RAM-Disk erstaunliche Geschwindigkeit bieten. Wer schon einmal in längeren Assemblerquellen mit einem Textverarbeitungsprogramm wie TP herumgesucht hat, weiß ein Lied davon zu singen. Hier wird nun eine konkrete Schaltung einschließlich Layout vorgestellt, die außer einer RAM-Disk von 256 KByte auch noch einen kompletten Hauptspeicher sowie eine MEMDI-Erzeugung enthält. Bild 1 zeigt die Schaltung. Die eigentliche RAM-Disk wird über IN- und OUT-Befehle bedient und tangiert den Hauptspeicher nicht.

Funktion der RAM-Disk

Zum Adressieren von 256 KByte werden 18 Adreßbits benötigt. Die niederwertigsten 8 Bit stellt ein vom Programm mittels OUT-Befehl ladbarer Adreßzähler (2 × 74LS193) bereit. Die nächsthöheren 8 Bit müssen vom Programm in ein Oktallatch (DS8282) geladen werden. Die restlichen 2 Bit stecken in der Peripherieadresse, unter der das Bedienprogramm anschließend die RAM-Disk liest oder beschreibt. Nach jedem Zugriff inkrementiert die Zugriffslogik der RAM-Disk den o.g. Adreßzähler. Damit sind INIR- und OTIR-Befehle für das Umladen der Daten bestens geeignet. Die RAM-Disk belegt insgesamt 8 E/A-Adressen nach folgendem Schema:

Grundadresse plus
0 = Lesen/Schreiben Bank 1
1 = Lesen/Schreiben Bank 2
2 = Lesen/Schreiben Bank 3
3 = Lesen/Schreiben 3ank 4
4 = nicht benutzen
5 = nicht benutzen
6 = mittlere 8 Adreßbit laden
7 = niedrigste 8 Adreßbit in den Zähler laden.

Die Grundadresse kann man in gewissen Grenzen frei wählen, indem man das Wickelfeld D entsprechend verdrahtet.

```
RAMDSK  MACRO-80 3.4    01-Dec-80       PAGE    1

 0000'                          CSEG
                                .Z80
                                TITLE  RAMDSK
                        ;
                        ; BEDIENPROGRAMM FUER RAM-DISK
                        ;
                        ; VORGABEBEREICHE IM BIOS
 0000'                  QTRAC: DS 2      ; SPURNUMMER
 0002'                  QSECT: DS 2      ; SEKTORNUMMER
 0004'                  QDMA:  DS 2      ; ADR.PUFFERBEREICH
 0006'                  DIRBF: DS 128    ; BDOS-PUFFER
                        ;
                        ;GRUNDADRESSE DER RAM-DISK
 00E0                   GADDR  EQU 0E0H
                        ;
                        ; LESEN EINES SEKTORS ZU 128 BYTE
 0086'    CD 0094'      LESE:  CALL ADRE
 0089'    ED B2                INIR
 008B'    AF                   XOR  A
 008C'    C9                   RET
                        ;
                        ; SCHREIBEN EINES SEKTORS ZU 128 BYTE
 008D'    CD 0094'      SCHRB: CALL ADRE
 0090'    ED B3                OTIR
 0092'    AF                   XOR  A
 0093'    C9                   RET
                        ;
                        ; ADRESSRECHNUNG FUER LESEN+SCHREIBEN
 0094'    2A 0000'      ADRE:  LD   HL,(QTRAC)
 0097'    AF                   XOR  A
 0098'    29                   ADD  HL,HL
 0099'    29                   ADD  HL,HL
 009A'    29                   ADD  HL,HL
 009B'    29                   ADD  HL,HL
 009C'    ED 5B 0002'          LD   DE,(QSECT)
 00A0'    19                   ADD  HL,DE
 00A1'    CB 1C                RR   H
 00A3'    CB 1D                RR   L
 00A5'    CB 1F                RR   A
 00A7'    D3 E7                OUT  (GADDR+7),A
 00A9'    7D                   LD   A,L
 00AA'    D3 E6                OUT  (GADDR+6),A
 00AC'    7C                   LD   A,H
 00AD'    E6 03                AND  3
 00AF'    F6 E0                OR   GADDR
 00B1'    4F                   LD   C,A
 00B2'    06 80                LD   B,128
 00B4'    2A 0004'             LD   HL,(QDMA)
 00B7'    C9                   RET
                        ;
                        ; INITIALISIEREN BEI KALTSTART
 00B8'    AF            INIT:  XOR  A
 00B9'    4F                   LD   C,A
 00BA'    D3 E6                OUT  (GADDR+6),A
 00BC'    AF            INI1:  XOR  A
 00BD'    47                   LD   B,A
```

```
RAMDSK  MACRO-80 3.4    01-Dec-80       PAGE    1-1

 00BE'    D3 E7                OUT  (GADDR+7),A
 00C0'    3E E5                LD   A,0E5H
 00C2'    D3 E0         INI2:  OUT  (GADDR),A
 00C4'    10 FC                DJNZ INI2
 00C6'    0C                   INC  C
 00C7'    79                   LD   A,C
 00C8'    D3 E6                OUT  (GADDR+6),A
 00CA'    FE 09                CP   9
 00CC'    38 EE                JR   C,INI1
 00CE'    C9                   RET
                        ;
                        ; DISK-PARAMETER-HEADER
 00CF'    0000          DPHE:  DW   0     ;NO TRANSLATION TABLE
 00D1'    0000                 DW   0     ; 6 BYTE ARB.ZELLEN
 00D3'    0000                 DW   0     ; FUER BDOS
 00D5'    0000                 DW   0
 00D7'    0006'                DW   DIRBF ;128 BYTE PUFFER
 00D9'    00DF'                DW   DPB   ;DISK-PARAMETER-BLOCK
 00DB'    00EE'                DW   CSV   ;CHECKSUMMENBEREICH
 00DD'    00EF'                DW   ALV   ;BLOCKBELEGUNGSPLAN
                        ;
                        ; DISK-PARAMETER-BLOCK
 00DF'    0010          DPB:   DW   16    ;SEKTOREN PRO SPUR
 00E1'    03                   DB   3     ;BLOCKSHIFTFAKTOR
 00E2'    07                   DB   7     ;BLOCKMASK
 00E3'    00                   DB   0     ;EXTENTMASK
 00E4'    00FF                 DW   255   ;BLOCKANZAHL-1=256 K
 00E6'    003F                 DW   3FH   ;64 DIR-EINTRAGUNGEN
 00E8'    00C0                 DW   0C0H  ;DIRECTORY-BLOECKE
 00EA'    0000                 DW   0     ;KEIN DISK-CHECK
 00EC'    0000                 DW   0     ;KEINE SYSTEMSPUREN
                        ;
                        ; CHECKSUMMENBEREICH FUER DEN TEST
                        ; VON BDOS AUF DISKETTENWECHSEL
 00EE'    00            CSV:   NOP        ;KEIN TEST:FESTPLATTE
                        ;
                        ; BELEGUNGSPLAN DER DISK
                        ; (ALLOCATION-VECTOR)
                        ; JEDES BIT ENTSPRICHT EINEM BLOCK
                        ; (32*8=256 BLOECKE ZU JE 1 K BYTE)
 00EF'                  ALV:   DS   32
                        ;
                        END
```

Bild 2 Bedienprogramm für die RAM-Disk

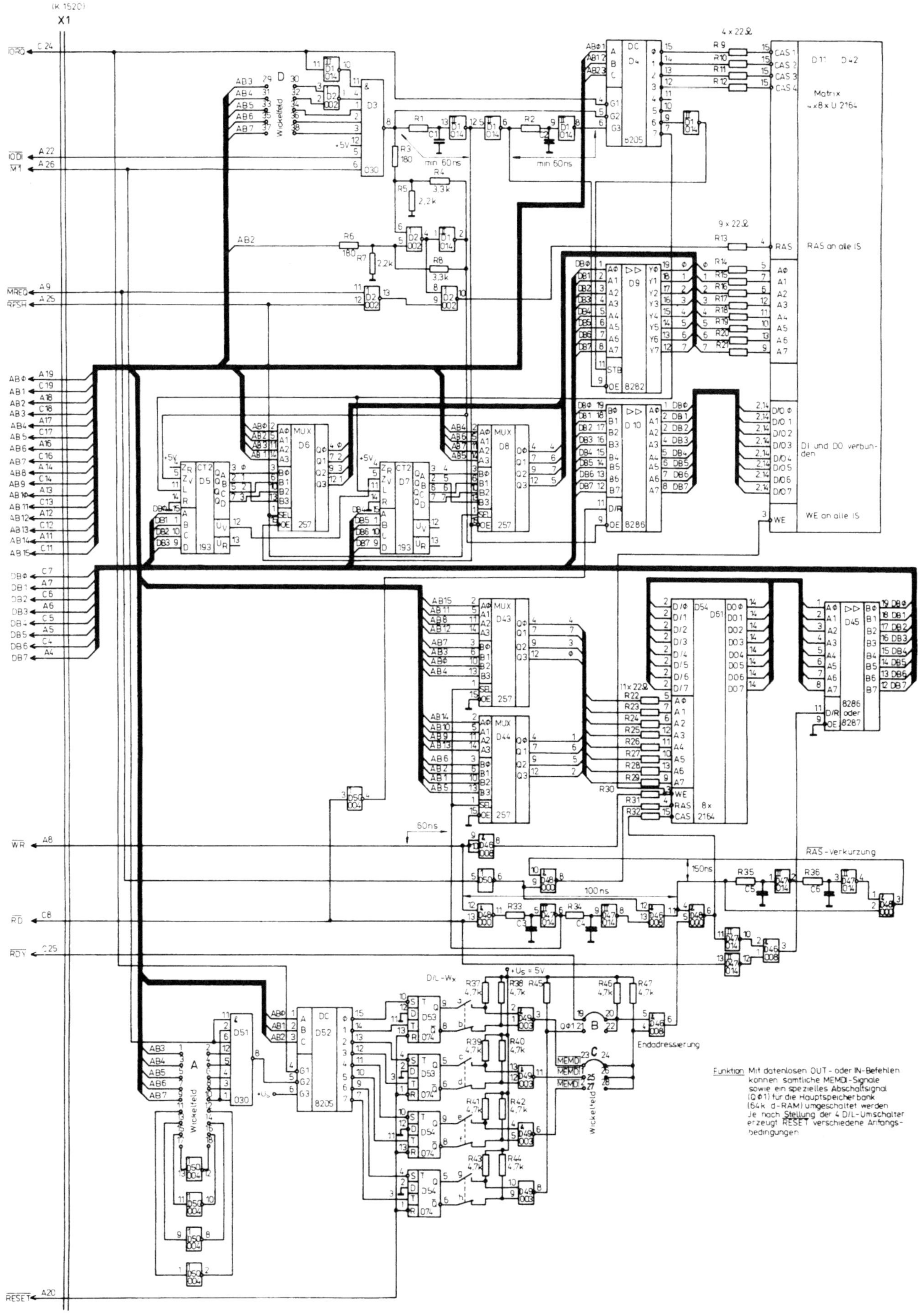

Bild 1 Schaltplan der RAM-Disk

Diplomingenieur Wolfram Kamer (32) studierte von 1978 bis 1982 an der Ingenieurschule Dresden, Fachrichtung medizinische Gerätetechnik. Seit 1982 ist er im Bereich Bauelementeentwicklung des VEB Elektronische Bauelemente Teltow tätig.

Diplomphysiker Wolfgang Spindler (36) studierte von 1973 bis 1978 an der Technischen Universität Dresden. Im Anschluß daran Tätigkeit im VEB Gleichrichterwerk Stahnsdorf in der Meßtechnikentwicklung. Seit 1982 ist er im Bereich Elektronik/Mikrorechentechnik des VEB Elektronische Bauelemente Teltow tätig.

```
Block    Blockshiftfaktor    Blockmask
(KByte)
======================================
  1             3                07H
  2             4                0FH
  4             5                1FH
  8             6                3FH
 16             7                7FH

Der Wert der "Extentmask" ergibt
sich aus der Blockgröße und der
Speicherkapazität der Disk:

Block      Extentmask bei
(KByte) Disk<256K   Disk>256K
=============================
  1         0        geht nicht
  2         1          0
  4         3          1
  8         7          3
 16        15          7
```

Bild 3 Verwendbare Blockgrößen

Funktion des Hauptspeichers

Der Hauptspeicher umfaßt volle 64 KByte. Damit außer ihm auch noch andere Baugruppen (Urlader, Bildschirm usw.) im Speichervolumen betrieben werden können, besitzt er eine Einrichtung zum Entadressieren.
Dazu besitzt die Baugruppe einen Eingang für das K1520-Bussignal READY. Aktiviert bei einem Speicherzugriff eine andere Baugruppe diese Leitung, so tritt der Hauptspeicher in dem Bereich, den die andere Baugruppe belegt, in den Hintergrund, indem der Lese- oder Schreibzugriff in einen Refreshzyklus umgewandelt wird. Dafür stehen bei Lesezyklen ca. 100 ns und bei Schreibzyklen etwas mehr als 1 Systemtakt zur Verfügung. Schaltet man mittels MEMDI-Signalen die anderen Baugruppen ab, so kommt automatisch der Hauptspeicher wieder hervor. Dieses Verfahren erleichtert die Speicherverwaltung ganz erheblich.
Um den Hauptspeicher auch bei 4 MHz Systemtakt ohne die lästigen WAIT-Zyklen betreiben zu können, schaltet die Zugriffslogik das RAS-Signal ca. 150 ns nach Aktivwerden des CAS-Signales ab. Damit wird den Speicherschaltkreisen genügend Zeit zum Rückschreiben der Information in die Matrix verschafft. Das ist besonders wichtig für die sehr kurze Zugriffslücke zwischen M1- und Refreshzugriff beim Befehlsholezyklus des U880.

Funktion der MEMDI-Erzeugung

Dieser Schaltungsteil besteht aus 4 Flipflops, die über 8 OUT-Adressen einzeln gesetzt und gelöscht werden können. Die von den OUT-Befehlen ausgegebenen Daten sind dabei belanglos. Durch Systemreset werden alle vier Flipflops gelöscht. Welche MEMDI-Signale dabei gesetzt/gelöscht werden, kann man durch DIL-Schalter oder Wickelbrücken frei wählen. Leider war auf der Leiterplatte nicht mehr genügend Platz, so daß der Koppelbussteckverbinder entfallen mußte. Deshalb müssen die MEMDI-Signale am Wickelfeld C abgegriffen werden.

Zum Aufbau

Auf der Leiterplatte sind einige Stützkondensatoren (33 nF Epsilan sowie Elkos 47 μF/6,3 V) vorgesehen, die im Stromlaufplan nicht extra angegeben wurden. Sie sind mit Cs bezeichnet.
Alle Logikschaltkreise (außer Bustreiber und

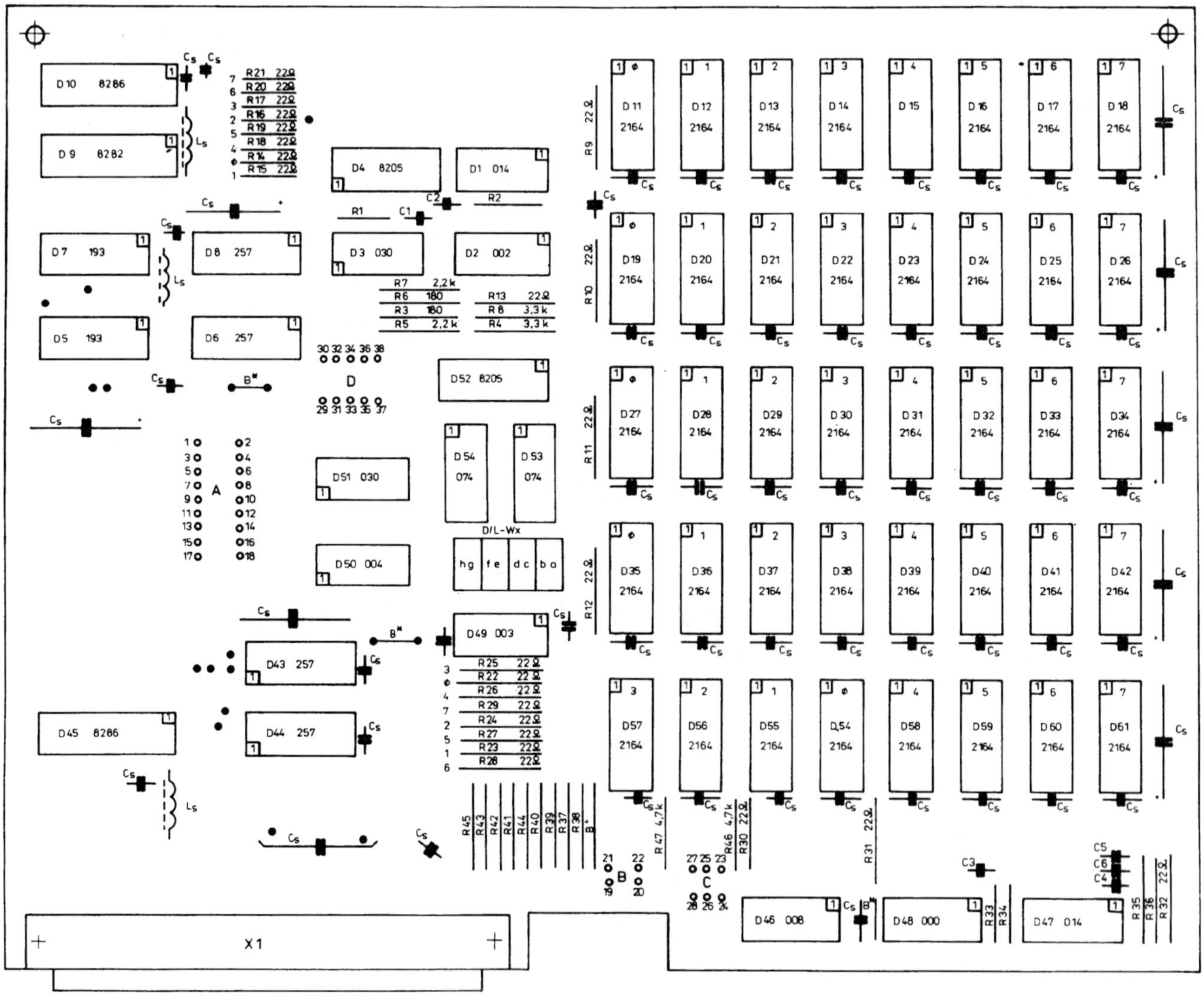

Legende
o Wickelstifte
● Durchkontaktierung
B* Brücke
Cs Abblockkondensatoren (an 2164 je 100n Scheibe)
Ls Siebdrossel für Treiberstromversorgung

Bild 4 Bestückungsplan

Dekoder) sind Low-Power-Schottky-, also 74LSxxx-Typen. Im Stromlaufplan wird nur die Typnummer (also 193 entspricht 74LS193) angegeben.
Als Speicherschaltkreise können alle U2164-Typen eingesetzt werden.
Die Verzögerungsglieder in den RAS/CAS-Schaltungen wurden zu 390 pF und 100 ... 180 Ω gewählt.

Einbindung der RAM-Disk in das BIOS

CP/M und ähnliche Plattenbetriebssysteme bestehen im wesentlichen aus 3 Teilen:

1. dem BIOS (Basis-Ein/Ausgabesystem)
2. dem BDOS (eigentliches Plattenbetriebssystem)
3. dem CCP (Kommandoprogramm).

Zur Einbindung der RAM-Disk muß das in Bild 2 gezeigte Bedienprogramm in das BIOS eingefügt werden. Bei den meisten Systemen findet man im BIOS zwei oder drei Tabellen, in denen die Adressen der Disk-Parameter-Header (DPH) sowie die Adressen der zugehörigen Lese- und Schreibroutinen stehen. Dort muß man die eingefügten Programmteile eintragen. Wer mehr als 256

Bild 5 Layout Lötseite der RAM-Disk

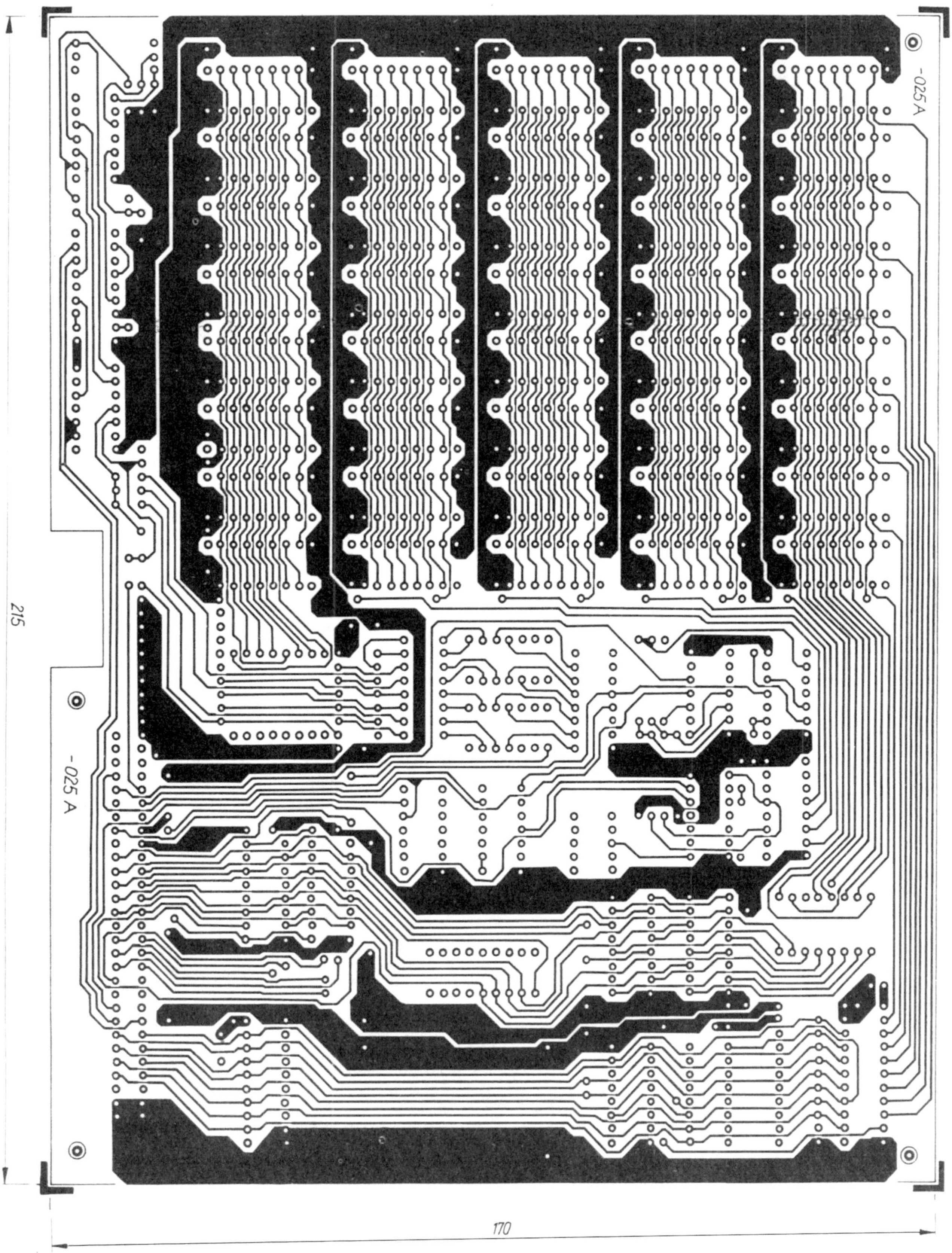

KByte RAM-Disk einbauen will, muß allerdings den Disk-Parameter-Block (DPB) ändern. Da das BDOS jedes Laufwerk in maximal 256 Blöcke aufteilt, ist bei größeren Speichern die Blockgröße entsprechend Bild 3 im DPB zu vereinbaren. Wenn die RAM-Disk richtig ins BIOS eingebaut ist, so ergibt die Überprüfung mit STAT DSK:

Bild 6 Layout Bestückungsseite der RAM-Disk

folgende Antwort:

```
   E: Drive Characteristics
2048: 128 Byte Record Capacity
 256: Kilobyte Drive Capacity
  64: 32 Byte Directory Entries
   0: Checked Directory Entries
 128: Records/ Extent
   8: Records/ Block
  16: Sectors/ Track
   0: Reserved Tracks
```


✉ KONTAKT ☏

VEB Elektronische Bauelemente Teltow, Abt. EVP, Ernst-Thälmann-Str. 10–15, Teltow, 1530; Tel. 45 – 34 59

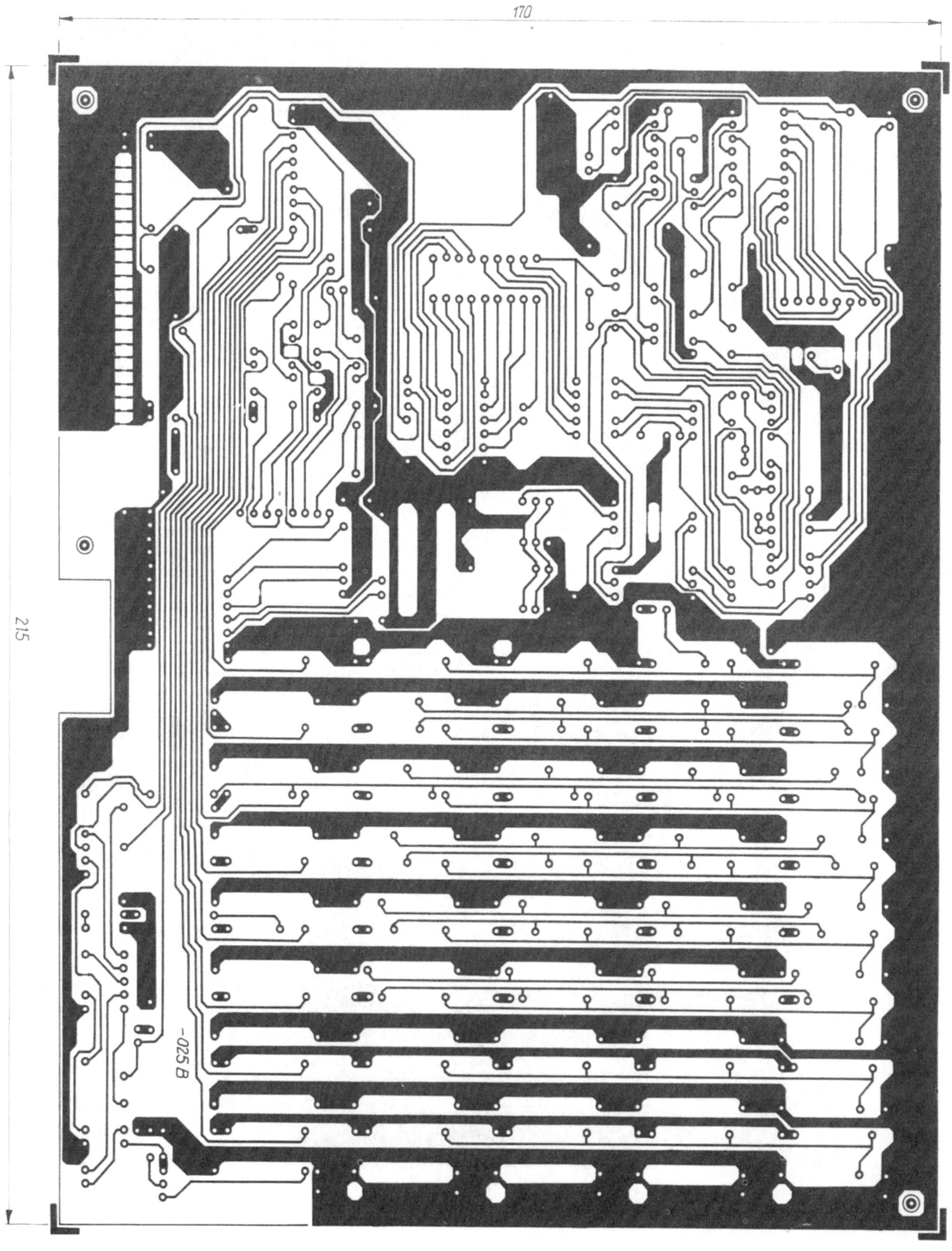

PASCAL (Teil 3)

Dr. Claus Kofer
Informatikzentrum des Hochschulwesens an der Technischen Universität Dresden

Der Deklarationsteil der Funktion ist wieder leer. In der If-Anweisung des Anweisungsteils wird dem Funktionsnamen ein Wert zugewiesen. Auf diesen Wert kann durch Anruf der Funktion Max2 Bezug genommen werden. Zum Beispiel in folgender Form:

```
Z:=Max2(x,y)
Z:=Max2(1.0,2.5*y)
IF Z>Max2 (1.5*x,y) THEN ...
REPEAT ... UNTIL Max2(x,y)<1.0
```

Es wird jetzt eine Prozedur Swap gezeigt, die die Werte ihrer Parameter vertauscht.

```
PROCEDURE Swap (VAR A,B:CHAR);
VAR H:CHAR
BEGIN
  H:=A;  A:=B;  B:=H
END;
```

Im Prozedurkopf werden wieder Name und formale Parameter angegeben. Es sind beides Referenzparameter. Die verwendete Schreibweise ist eine Abkürzung für PROCEDURE Swap (VAR A:CHAR; VAR B:CHAR).
Da das Vertauschen ohne eine Hilfsvariable nicht möglich ist, wird diese im Deklarationsteil der Prozedur Swap deklariert. Der Anweisungsteil besteht aus einer Liste von drei Zuweisungen, die das Vertauschen bewerkstelligen.
Die aktuellen Parameter der Prozedur Swap dürfen nur Variablen vom Typ CHAR sein:

Swap (C1,C2)

Aber nicht

Swap ('A',C1)

Für die Verwendung von Funktionsparametern wird nun ein Beispiel angegeben:

```
FUNCTION Diff(XO,DX:REAL;
         Fkt(x:REAL):REAL):REAL;
BEGIN
  Diff:=(Fkt(XO+DX)-Fkt(XO))/DX
END;
```

Der Funktionskopf von Diff enthält neben der bereits bekannten Deklaration der Werteparameter XO und DX einen formalen Funktionsparameter Fkt. Laut Deklaration ist Fkt eine Funktion mit einem Parameter vom Typ REAL und liefert selbst einen Funktionswert vom Typ REAL. Im Anweisungsteil wird der Wert der Funktion Diff als Differenzenquotient der Funktion Fkt für das Argument XO berechnet.

Als aktueller Parameter darf für Fkt jede beliebige Funktion verwendet werden, die einen Parameter vom Typ REAL hat und selbst einen Wert vom Typ REAL liefert. Es werden zwei solcher Funktionen gezeigt:

```
FUNCTION P1(x:REAL):REAL;
BEGIN
  P1:= (1.5*x+2.5)*x+3.5
END;

FUNCTION P2(x:REAL):REAL
BEGIN
  P2:=1/((0.5*x+0.25)*x
END;
```

Unter Verwendung von P1 und P2 sind nun folgende Aufrufe der Funktion Diff möglich

A:=Diff(x,0.01,P1);
A:=Diff(x,0.01,P2)

Leider gibt es bei den meisten PASCAL-Systemen für Prozedur- und Funktionsparameter die Einschränkung, daß als aktuelle Parameter nicht die sogenannten Standardprozeduren und -funktionen verwendet werden dürfen.
Bei TURBO-PASCAL sind Prozedur- und Funktionsparameter überhaupt nicht implementiert.

5.5.3. Blockstruktur, Gültigkeitsbereiche von Bezeichnern

Nach den Syntaxdiagrammen der Bilder 5.1, 5.2, 5.24 und 5.26 können Prozeduren und Funktionen selbst wieder weitere Prozeduren und Funktionen enthalten. Es entsteht eine Struktur von ineinander verschachtelten Blöcken, von denen jeder aus einem (möglicherweise leeren) Deklarationsteil und einem Anweisungsteil besteht.
Bild 5.31 zeigt eine typische Blockstruktur. Die Prozeduren A und C sind Bestandteil der Deklarationen des Hauptprogramms. Der Deklarationsteil der Prozedur A enthält die Prozedur B.
Es sind beliebige Schachtelungen von Prozeduren und Funktionen denkbar, allerdings begrenzen die PASCAL-Systeme oft deren Tiefe. Im Bild 5.31 ist die größte Schachtelungstiefe drei: Hauptprogramm, Prozeduren A und B.
In jedem Block können Marken, Konstanten, Datentypen, Variablen sowie weitere Prozeduren und Funktionen deklariert werden. Das wirft die Frage nach den Gültigkeitsbereichen der Bezeichner auf. Es gibt dafür zwei einfache Regeln:
1. Ein Bezeichner gilt im Inneren des gesamten Blocks, in dem er deklariert wurde.
2. Bei gleichen Bezeichnern gilt die lokalere Deklaration.
Der Name einer Prozedur bzw. Funktion gehört zu den Bezeichnern des umschließenden Blocks. Die möglicherweise vorhandenen formalen Parameter sind jedoch als Bestandteil des Deklarationsteils der Prozedur bzw. Funktion anzusehen.
Die Gültigkeitsbereiche der Bezeichner des Programmfragments aus Bild 5.31 werden tabellarisch im Bild 5.32 gezeigt. Die Bezeichner T und A des Hauptprogramms gelten in allen Blöcken. K gilt nur in den Blöcken PROG und C. In den Blöcken A und B wird K durch

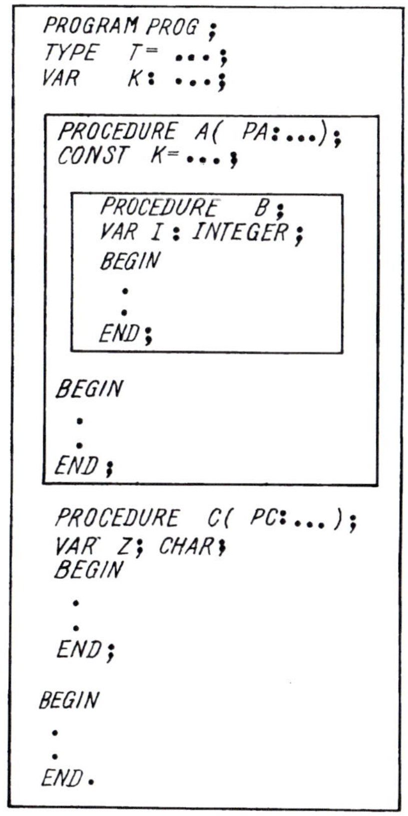

Bild 5.31 Blockstruktur eines Programms

		PROG	A	B	C
PROG	T	(1)	(1)	(1)	(1)
	K	(1)			(1)
	A	(1)	(1)	(1)	(1)
	C	(1)			(1)
A	PA		(1)	(1)	
	K		(1,2)	(1,2)	
	B		(1)	(1)	
B	I			(1)	
C	PC			(1)	
	Z			(1)	

Bild 5.32 Gültigkeitsbereiche der Bezeichner aus Bild 5.31. Die Zeilen korrespondieren mit den Bezeichnern, die Spalten mit den Blöcken. Eine Ziffer zeigt an, aufgrund welcher Regel ein Bezeichner in einem Block gilt.

eine Konstante mit dem gleichen Bezeichner überdeckt.
Der Bezeichner C gilt nur in den Blöcken PROG und C. In den Blöcken A und B ist C nicht bekannt, weil C noch nicht deklariert ist.
Die Bezeichner PA, K und B der Prozedur A gelten in den Blöcken A und B. Außerhalb des Blockes A sind sie nicht bekannt.
Der Bezeichner I der Prozedur B gilt nur im Block B.
Die Bezeichner PC und Z der Prozedur C gelten im Block C. Bild 5.31 zeigt, daß im Block C auch der Bezeichner A bekannt ist, denn seine Deklaration erfolgte im Programmtext schon vor dem Block C.
Für jeden Block können lokale und globale Deklarationen unterschieden werden. Lokale Deklarationen werden durch den Block selbst eingebracht. Globale Deklarationen stammen aus einschließenden Blöcken.
Die global deklarierten Variablen stellen eine weitere Möglichkeit zum Datenaustausch zwischen Prozedur oder Funktion und ihrer Umgebung dar. Das wird an folgendem Programmstück gezeigt:

```
PROGRAM M;
VAR x:REAL;
PROCEDURE A (PA:REAL);
BEGIN
  x:=PA;
END;
BEGIN
  A(1.0)
END.
```

In der Prozedur A ist neben dem formalen Parameter PA auch die globale Variable x bekannt. Sie darf demzufolge in den Anweisungen verwendet werden. Im Beispiel wird ihr der Wert des Parameters zugewiesen.
Der Aufruf A(1.0) läßt nicht erkennen, daß die Hauptprogrammvariable x manipuliert wurde. Die Nützlichkeit solcher „Seiteneffekte" soll hier nicht beurteilt werden. Der Programmierer muß wissen, daß es sie gibt und daß sie sich durch keine Compileroperation ausschalten lassen.

5.5.4. Speicherplatzzuordnung für lokale Variablen

Die durch die Blockstruktur eines PASCAL-Programms festgelegten Gültigkeitsbereiche der Bezeichner führen dazu, daß bei der Programmabarbeitung höchstens die Datenobjekte der aktiven Blöcke, d. h. des Hauptprogramms sowie der gerufenen Prozeduren und Funktionen, manipuliert werden können.
Da Speicherplatz immer eine kostbare Ressource ist, liegt es nahe, nur für Datenobjekte der aktiven Blöcke Speicherplatz bereitzustellen. Weil es sich aber erst zur Programmlaufzeit herausstellt, welche Blöcke aktiv sind, wird diese Strategie als dynamische Speicherplatzzuordnung bezeichnet.
Die Speicherpositionen der Datenobjekte können vom Compiler nur für das Hauptprogramm im voraus berechnet werden.
Die der Prozeduren und Funktionen ergeben sich in Abhängigkeit von ihrer konkreten Aufruffolge. Notwendige Adreßrechnungen müssen bis zur Laufzeit aufgeschoben werden. Die Maschinenbefehlssysteme moderner Rechner unterstützen solche Adreßrechnungen sehr gut, so daß PASCAL-Programme nur geringfügige Laufzeitnachteile gegenüber Programmen mit statischer Speicherplatzzuordnung wie z. B. FORTRAN haben.
Für die Programmierung ergeben sich aus der dynamischen Speicherplatzzuordnung folgende Konsequenzen:

– Der Wert von lokalen Variablen der Prozeduren und Funktionen ist stets als unbestimmt anzusehen, auch falls die Prozedur oder Funktion schon einmal gerufen wurde.
– Rekursive Aufrufe von Prozeduren und Funktionen sind uneingeschränkt möglich.

Das Prinzip wird noch einmal mit Hilfe des Programmrumpfes von Bild 5.31 verdeutlicht. Das Bild 5.33a zeigt den belegten Datenspeicher für die Aufruffolge: Hauptprogramm, Prozedur A, Prozedur B. Beim Verlassen der Prozeduren B und A wird der belegte Datenspeicher wieder freigegeben. Da Prozeduren stets in der umgekehrten Reihenfolge ihres Aufrufs verlassen werden, wird der Datenspeicher stackartig verwaltet. Er wächst zumeist in Richtung fallender Adressen.

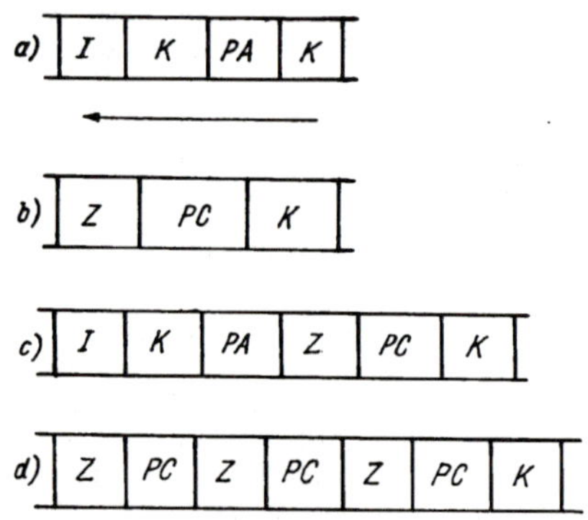

Bild 5.33 Zuordnung von Speicher zu Datenobjekten der aktiven Prozeduren

Die Bilder 5.33b und 5.33c zeigen weitere Situationen. Deutlich tritt auch hervor, daß die Position des Parameters PA und der lokalen Variablen I von der konkreten Aufruffolge abhängt – also erst zur Laufzeit feststeht.
Bild 5.33d zeigt schließlich die Struktur des Datenspeichers bei rekursiven Prozeduraufrufen. C wird vom Hauptprogramm aktiviert und ruft sich dann selbst wieder auf. Bei jedem Betreten von C wird ein neuer Bereich für lokale Variablen angelegt.
TURBO-PASCAL verfährt anders. Der Compiler ordnet den Datenobjekten in der Reihenfolge ihrer Deklaration statisch Platz im Datenspeicherbereich zu. Zur Programmabarbeitungszeit hat jedes Datenobjekt seinen festen Platz im Hauptspeicher. Rekursive Prozeduraufrufe führen so i. allg. zu Fehlern.
Der Vorteil dieser nicht PASCAL-gerechten Strategie liegt darin, daß auch bei Rechnern auf der Basis von 8-Bit-Prozessoren der Zugriff auf Datenobjekte sehr schnell ist und wenig Programmkode erfordert.
Rekursive Prozeduren werden nun in TURBO-PASCAL dadurch möglich, daß beim Betreten einer Prozedur zunächst die „alten" Werte der lokalen Variablen in einem Stack abgelegt und vor Verlassen der Prozedur rückgespeichert werden. Die Erzeugung der dafür erforderlichen Blocktransportbefehle wird durch die Compileroption ○A– und ○A+ ein- bzw. ausgeschaltet.

5.5.5. Vorwärtsdeklaration

Aufgrund des Deklarationszwanges muß ein Bezeichner vor seiner Benutzung deklariert werden. Prozeduren und Funktionen machen hier keine Ausnahme.
Es gibt aber durchaus sinnvolle Programme, bei denen diese Bedingung aufgrund des verwendeten Algorithmus nicht erfüllt werden kann. Das nachfolgende Programmstück verdeutlicht dies:

```
PROCEDURE A(PA:...);
BEGIN
  ...B(x);...
END;
PROCEDURE B(PB:...);
BEGIN
  ...A(y);...
END;
```

Der Aufruf von B im Anweisungsteil von A kann durch den Compiler nicht aufgelöst werden, da bis dorthin B unbekannt ist. Ein Vertauschen der Reihenfolge der Prozeduren A und B führt auch nicht zum Ziel.
Die Lösung erfolgt durch Trennung von Prozedurkopf und dazugehörendem Block mit Hilfe von FORWARD:

```
PROCEDURE B(PB:...);FORWARD;
PROCEDURE A(PA:...);
BEGIN
  ...B(x);...
END;
PROCEDURE B;
BEGIN
  ...A(y);...
END;
```

Innerhalb von A kann nun B aufgerufen werden. Durch die vorangegangene FORWARD-Deklaration ist der Kopf von B bekannt. Bei der Angabe des zu B gehörenden Blockes entfällt im Kopf die Parameterliste.

5.5.6. Standardprozeduren und funktionen

Dem PASCAL-Compiler ist eine Reihe von Prozeduren und Funktionen bereits bekannt. Diese lassen sich in folgende Gruppen einteilen:

1. arithmetische Funktionen
2. Prozeduren und Funktionen zur Ein- und Ausgabe
3. Prozeduren zur Arbeit mit dynamischen Variablen.

Die Behandlung der Gruppen 2 und 3 erfolgt zusammen mit den entsprechenden Datentypen. In diesem Unterpunkt werden die arithmetischen Funktionen besprochen. Es stehen zur Verfügung:

SQR(X)	Quadrat
SQRT(X)	Quadratwurzel
ABS(X)	Absolutwert
SIN(X)	Winkelfunktion
COS(X)	Winkelfunktion
ARCTAN(X)	Winkelfunktion
EXP(X)	e-Funktion
LN(X)	natürlicher Logarithmus

Der aktuelle Parameter kann ein beliebiger Ausdruck vom Typ REAL oder INTEGER sein. Das Resultat ist stets REAL. Eine Ausnahme bildet ABS. Hier hat das Resultat stets den Typ des aktuellen Parameters.
Zur Umwandlung von REAL in INTEGER gibt es die Funktionen

TRUNC(X)	ganzer Teil
ROUND(X)	regelgerechte Rundung.

Die nachfolgenden Standardfunktionen sind auf einfache Typen mit Ausnahme von REAL anwendbar:

ODD(A)	Test auf ungerade
ORD(A)	interne Kodierung von A
SUCC(A)	Nachfolger von A
PRED(A)	Vorgänger von A
CHR(I)	Konstante vom Typ CHAR mit interner Kodierung I

Die Funktion CHR kann vorteilhaft zur Konstruktion von CHAR-Konstanten für nicht darstellbare Zeichen des ASCII-Kodes genutzt werden. Zum Beispiel liefert CHR(27) den Kode für Escape.
Die Wirkung der Standardfunktionen ORD SUCC und PRED wird durch die Anwendung auf den Aufzählungstyp

```
TYPE T = (Mo,Di,Mi,Don,Fr,Sa,So);
VAR X : T;
```

gezeigt:

```
ORD(Mo) liefert: 0
ORD(Di) liefert: 1
.
.
.
ORD(So) liefert: 6
```

Die Anwendung von Nachfolger- und Vorgängerfunktionen liefern:

```
SUCC(Mo) liefert: Di
SUCC(Di) liefert: Mi
.
.
SUCC(Sa) liefert: So

PRED(So) liefert: Sa
PRED(Sa) liefert: Fr
.
.
.
PRED(Di) liefert: Mi
```

Nicht definiert sind die Funktionswerte SUCC(So) und PRED(Mo).
Darüber hinaus stellen viele PASCAL-Systeme weitere Standardprozeduren und -funktionen bereit, mit denen Eigenschaften der Gerätetechnik oder des zugrunde liegenden Betriebssystems auf das Niveau der Sprache gehoben werden. In TURBO-PASCAL gibt es davon mehr als 50. Eine Auswahl wird hier angegeben:

ADDR(X)	Adresse der Variablen X
SIZEOF(X)	Speicherplatzbedarf von X in Byte
LO(X)	Niederwertiges Byte von X
HI(X)	Höherwertiges Byte von X
SWAP(X)	Vertauschen der Bytes von X
MOVE(VON,ZU,ANZ)	Blocktransport von "ANZ"-Bytes
BIOS(I,J)	BIOS-Ruf I mit Parameter J
BDOS(I,J)	BDOS-Ruf I mit Parameter J
HALT	Abbruch der Programmabarbeitung

6. Datentyp File, Ein- und Ausgabeorganisation

6.1. Einführung

Der Datentyp File bildet in PASCAL die Grundlage für die Ein- und Ausgabe von Daten von bzw. zu den peripheren Speichermedien.
Ein Datenobjekt vom Filetyp ist eine Folge von Komponenten gleichen Typs. Der Typ einer Komponente ist beliebig. Der Zugriff zu den Komponenten ist nur sequentiell möglich.
Die Brücke zu den peripheren Geräten wird geschlagen, indem Variablen vom Filetyp als Files im Sinne eines Betriebssystems angelegt werden.

6.2. Deklaration und Zugriff

Die Deklaration von Filetypen ist eine Alternative im Syntaxdiagramm "typ" (Bild 3.1). Sie wird im Bild 6.1 gezeigt. Die reservierten Bezeichner FILE und OF leiten die Deklaration ein. Anschließend wird der Komponententyp angegeben. Jeder Filevariablen wird eine Puffervariable zugeordnet. Sie wird gebildet durch Anfügen des Zeichens "^" an den Bezeichner einer Filevariablen.

——▸ *FILE* ——▸ *OF* ——▸ *typ* ——▸

Bild 6.1 Syntaxdiagramm „filetyp"

Über die Puffervariable kann auf die sogenannte aktuelle Komponente eines Files zugegriffen werden. Sie läßt sich wie eine Variable verwenden.
Es folgen einige Beispiele:

a) Komponententyp INTEGER:
```
VAR F: FILE OF INTEGER;
    I: INTEGER;
.
F^:=1; I:=2*F^+1;...
```
b) Komponententyp REAL
```
VAR F: FILE OF REAL;
    X: REAL;
X:=F^*2.5; F^:=0.5;...
```
c) Komponente vom Aufzählungstyp
```
TYPE T=(Mo,Di,Mi,Don,Fr,Sa,So);
VAR F: FILE OF T;
    Z:T;
.
.
.
F^:=Di; Z:=F^;...
```

F^ ist die Puffervariable. Durch die Zugriffe wird die aktuelle Komponente nicht verstellt. Dazu gibt es Standardprozeduren, die im nächsten Unterpunkt besprochen werden.

6.3. Standardprozeduren und -funktionen für den Datentyp File

Die Ein- und Ausgabe erfordert einige komplexe Leistungen. Sie werden in Form von Standardprozeduren und -funktionen bereitgestellt. In der nachfolgenden Aufstellung bezeichnet f eine Variable vom Filetyp:

RESET(f) REWRITE(f)	Vorbereiten des Files für Lesen bzw. Schreiben. Die Puffervariable wird auf die erste Komponente positioniert.
GET(f) PUT(f)	Weiterrücken der Puffervariablen auf die nächste Komponente des Eingabe- bzw. Ausgabefiles
EOF(f)	Funktion, liefert den Wert TRUE, falls Fileende erreicht ist.

Bei Eingabefiles zeigt EOF(f)=TRUE an, daß die Puffervariable auf Fileende positioniert wurde und keine weiteren Komponenten vorhanden sind. Der Zugriff über die Puffervariable f^ liefert einen unbestimmten Wert.
Für Ausgabefiles zeigt EOF(f)=TRUE an, daß die Puffervariable auf das Fileende positioniert ist und die nächste Komponente angefügt werden kann.
Mit diesen fünf Prozeduren kann die gesamte Ein- und Ausgabe durchgeführt werden. Später werden weitere Prozeduren besprochen, die die Arbeit erleichtern, aber keine prinzipiell neuen Leistungen erbringen.
Es gibt zwei Grundaufgaben bei der Ein- und Ausgabe: das Schreiben und das Lesen eines Files. Die programmtechnische Lösung wird jetzt gezeigt. Sie ist unabhängig vom Typ der Komponenten. Er wird deshalb auch offen gelassen:

```
PROGRAM Schreiben;
TYPE Komp = ...;
VAR F:FILE OF Komp;
      X:Komp;
      I:INTEGER;
BEGIN
  REWRITE(F);
  FOR I:=1 TO 100 DO BEGIN
    F^:=X; PUT(F)
  END
END.

PROGRAM Lesen;
TYPE Komp = ...;
VAR F:FILE OF Komp;
      X:Komp;
BEGIN
  WHILE NOT EOF(F) DO BEGIN
  X:=F^; GET(F)
  END
END.
```

Natürlich hätte das Lesen auch innerhalb einer FOR-Anweisung erfolgen können. Die gezeigte Variante hat aber den Vorteil, daß sie auch funktioniert, wenn die Anzahl der Komponenten unbekannt ist.
Beim Lesen findet keine Überprüfung des Komponententyps statt. Weiterhin erlaubt Standard-PASCAL für ein File nur Lese- oder Schreibzugriffe. Das Verändern eines Files muß durch Kopieren gelöst werden.
Durch zwei zusätzliche Standardprozeduren wird die Arbeit mit Filevariablen weiter vereinfacht:

READ(f,v) entspricht v:=f^; GET(f)
WRITE(f,a) entspricht f^:=a; PUT(f).

Hier stehen v für eine Variable und a für einen Ausdruck vom Komponententyp der Filevariablen f.
Als weitere Vereinfachung sind Listen von Variablen bzw. Ausdrücken erlaubt.:

READ(f,v_1,v_2, ...)
WRITE(f,a_1,a_2, ...).

Unglücklicherweise weist TURBO-PASCAL einige Abweichungen auf:

1. Die Prozeduren PUT und GET gibt es nicht.
2. Auf die Puffervariable kann nicht Bezug genommen werden.
3. Mit der Standardprozedur ASSIGN(f,a) muß der Filevariablen f eine Datei zugeordnet werden. Der Wert des Ausdrucks a muß eine Zeichenkette sein.
4. Nach Abschluß der Arbeit ist insbesondere für Ausgabefiles durch Aufruf der Standardprozedur CLOSE(f) das Leeren der Puffer zu organisieren.

Die für TURBO-PASCAL modifizierte Lösung der Grundaufgaben wird jetzt gezeigt. Zuerst wieder das Schreiben auf die Datei A:TEST.DAT:

```
...
BEGIN
  ASSIGN(F,'A:TEST.DAT');
  REWRITE(F);
  FOR I:=1 TO 100 DO WRITE(F,X);
  CLOSE(F)
END.
```

```
Und das Lesen:
  ...
BEGIN
  ASSIGN(F,'A:TEST.DAT');
  RESET(F);
  WHILE NOT EOF(F) DO READ(F,X)
END.
```

Der Typ der Komponenten kann auch hier beliebig sein.
Treten Fehler während der Ein- oder Ausgabe auf, wird in der Regel die Abarbeitung des PASCAL-Programms abgebrochen und eine Fehlermeldung ausgegeben.
TURBO-PASCAL ermöglicht die Behandlung von Ein- und Ausgabefehlern auf dem Niveau von PASCAL. Durch Aufruf der Standardfunktion IORESULT wird der Status der zuletzt durchgeführten Ein- oder Ausgabe zurückgegeben. Eine Auswahl der wichtigsten Werte folgt:

000	Kein Fehler
001	File existiert nicht
002	File nicht für Eingabe eröffnet
003	File nicht für Ausgabe eröffnet
004	File nicht eröffnet
091	Positionieren über Fileende
240	Disk-Schreibfehler
241	Directory voll
242	File zu groß
255	File verloren

Damit die Ausführung nutzereigener Fehlermaßnahmen möglich ist, müssen die Standardmaßnahmen des PASCAL-Systems unterdrückt werden.
Das ist mit der Compileroption ○I– möglich. Die Standardmaßnahmen werden durch ○I+ wieder aktiviert.

6.5. Textfiles

In nahezu allen EDV-Projekten spielt die Verarbeitung von Erfassungsbelegen, Drucklisten und Bildschirmmenüs eine wichtige Rolle. In PASCAL können diese Datenstrukturen durch

TYPE TEXT = FILE OF CHAR

beschrieben werden.
Das Problem besteht nun darin, daß Texte in Zeilen und Seiten strukturiert sind und daß die Repräsentation dieser Zeilen und Seiten vom jeweiligen Rechner und Betriebssystem abhängen. Aus diesem Grunde wird die Zeilen- und Seitenstruktur durch Standardprozeduren auf das Niveau von PASCAL gehoben:

READLN(f)	Positionierung der Puffervariablen auf den nächsten Zeilenanfang
WRITELN(f)	Zeilenabschluß im Ausgabefile
EOLN(f)	Funktion, liefert den Wert TRUE, falls in einem Eingabefile das Zeilenende erreicht ist
PAGE(f)	Beginn einer neuen Seite im Ausgabefile.

Auch hier gibt es wieder die Vereinfachungen:

```
READLN(f,v1,v2,...)
für READ(f,v1,v2,...); READLN(f)
WRITELN(f,a1,a2,...)
für WRITE(f,a1,a2,...); WRITELN(f)
```

Die Grundaufgabe bei der Arbeit mit Textfiles besteht im Erkennen und Erzeugen der Zeilenstruktur. Die programmtechnische Lösung wird im Bild 6.2 gezeigt. Den Kern des Programms bilden zwei ineinandergeschachtelte While-Anweisungen. Mit der inneren wird eine Zeile von INFILE auf OUTFILE kopiert. Die While-Anweisung wird am Zeilenende wegen EOLN(INFILE)=TRUE verlassen. Durch Aufruf von READLN(INFILE) muß nun auf die nächste Zeile im Eingabefile vorgesetzt werden. Mit WRITELN(OUTFILE) wird die Zeile im Ausgabefile abgeschlossen. Die äußere While-Schleife sorgt nun dafür, daß das Zeilenkopieren solange durchgeführt wird, bis das Fileende des Eingabefiles erreicht ist.

```
PROGRAM COPY;
VAR C: CHAR;
    INFILE,OUTFILE: TEXT;
BEGIN
  ASSIGN(INFILE,...); RESET(INFILE);
  ASSIGN(OUTFILE,...); REWRITE(OUTFILE);
  WHILE NOT EOF(INFILE) DO BEGIN
    WHILE NOT EOLN(INFILE) DO BEGIN
      READ(INFILE,C); WRITE(OUTFILE,C)
    END;
    READLN(INFILE); WRITELN(OUTFILE)
  END;
  CLOSE(OUTFILE)
END.
```

Bild 6.2 Kopierprogramm für Textfiles

Die PASCAL-Systeme vereinfachen die Arbeit mit Textfiles weiter. Für die Datentypen INTEGER, REAL und BOOLEAN werden Konvertierungen durchgeführt. Bei WRITE sind als aktuelle Parameter Zeichenketten zugelassen. So ist folgendes Programmstück korrekt:

```
VAR INFILE,OUTFILE: TEXT;
      I: INTEGER; B: BOOLEAN;
      X: REAL;
  ...
READ(INFILE,I,B,X);
WRITE(OUTFILE,3*I,B,'X:= ',X);
```

Im Eingabefile wirken alle Nichtziffern als Begrenzer für Zahlen. Beliebige Bezeichner, die mit den Buchstaben F oder T beginnen, werden als FALSE oder TRUE interpretiert.
Bei WRITE können die Ausdrücke mit Angaben zur Formatgestaltung versehen werden. Sie haben die Form:

ausdruck:m oder
ausdruck:m:n.

(wird fortgesetzt)

Ein- und Mehrprozessorsysteme mit Multibus-Architektur

Dr. Hans-Joachim Schwertfeger,
Wolfgang Krüger
VEB Robotron Elektronik Dresden

Für die multivalente Nutzung eines Mikroprozessorsystems ist eine wesentliche Voraussetzung, daß seine Schnittstellen der Umwelt gegenüber weitgehend standardisiert sind. Vermittelndes Glied zwischen System und Umwelt bildet im allgemeinen das Bussystem, für welches sich in der Vergangenheit als ein international anerkannter Standard der von Intel geschaffene Multibus herausgestellt hat. Die Entwicklung der Hardware zu größeren Verarbeitungsbreiten und die verstärkte Verwendung von Multiprozessorsystemen erforderten eine Weiterentwicklung dieses Buskonzepts, die vom Multibus I zum Multibus II führte; dessen Darstellung und der Vergleich mit seinem Vorgänger sind Inhalt der folgenden Ausführungen.

1. Multibus-Architektur

1.1. Komponenten des Bussystems

Die Bussysteme des Multibus I und II bestehen aus den Teilen
- Systembus
- Lokalbus
CPU-Bus
Speicherbus
E/A-Bus
- Zusatzbusse
lokaler E/A-Bus
DMA-Bus.

Diese Dreiteilung ist dem Multibus I und II gemeinsam; jedoch existieren wesentliche Unterschiede hinsichtlich der Struktur und Arbeitsweise von System- und Lokalbus. Die Zusatzbusse besitzen die gleiche Ausführung:

- Lokaler E/A-Bus (iSBX)

Erweiterung von CPU- und intelligenten E/A-Steckeinheiten um E/A-Geräte geringer Komplexität (serielle und parallele Schnittstellen, Floppy-Disk-Steuergeräte). Das bedeutet effektive Erweiterung des Funktionsumfanges und Entlastung des Systembusses.

- DMA-Bus

Anschluß von transferintensiven E/A-Geräten über größere Entfernungen (mehrere Meter).

Die Aufteilung in System- und Lokalbus ist zur Erhöhung der Leistungsfähigkeit eines Multimikroprozessorsystems (MMPS) durch Entlastung des Systembusses unbedingt notwendig.

1.2. Grundstruktur eines MMPS

Ein MMPS (Bild 1) unter Verwendung des Multibus besteht aus Prozessor- und Speichermoduln. Als Prozessormoduln sind solche mit Verarbeitungs- und solche mit Ein- und Ausgabesteuerfunktionen verwendbar. Diesen Prozessormoduln können Speichereinheiten und E/A-Geräte je nach Erfordernissen zugeordnet werden.

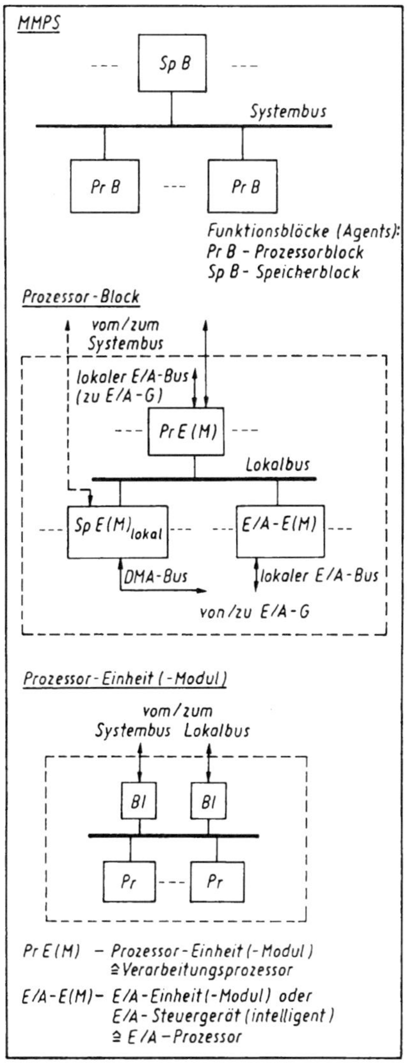

Bild 1 Grundstruktur eines MMPS auf Multibusbasis

Die entsprechend den Funktions- oder Einwirkungsbereichen zusammengefaßten Prozessor- und Speichermoduln bilden jeweils einen Funktionsblock (FB, Agent), der als physikalische Einheit ein Interface zum Systembus (öffentlicher Systembus), dem zentralen Bindeglied des MMPS, besitzt. Innerhalb jedes Funktionsblocks existieren Funktionseinheiten (FE) mit Verarbeitungs- und/oder intelligenten Ein-/Ausgabefunktionen sowie Speicher, die über einen Lokalbus (privater Systembus) zusammengeschaltet sind. Mit Hilfe von Zusatzbussen sind beliebige nicht intelligente E/A-Geräte anschaltbar.

1.3. Struktur und Arbeitsprinzipien

Zwischen den an einem Bus oder mehreren Bussen mit u. U. unterschiedlicher Architektur arbeitenden Funktionseinheiten oder Moduln ist ein Informationsaustausch zu verwirklichen. Er kann auf verschiedene Art und Weise organisiert werden, und zwar
- mit Steuerung durch Interrupts und direktem Datentransfer
- mit Nutzung globaler Speicherbereiche (als Puffer) mit Steuerung durch Interrupts
- mit Nutzung individueller Speicherbereiche (als Puffer) ohne Verwendung von Interrupts.

Im ersten Fall erfolgt der Informationsaustausch auf der Basis einer Unterbrechungssteuerung, im dritten Fall unter Verwendung eines Kommunikationsprotokolls ohne Quittung. Der zweite Fall entspricht einer Kombination beider Verfahren.

Die Bilder 2 und 3 stellen Varianten mit Steuerung des Informationsaustauschs über Interrupt dar. Kommuniziert ein intelligenter mit einem nichtintelligenten Modul, ist diese Steuerung in einer Richtung, im Falle zweier intelligenter Moduln in beiden Richtungen zu verwirklichen. Diese Art der Kommunikation stellt das niedrigste Niveau dar. Im Bild 2 werden Kommandos oder Daten direkt vom Prozessor zur E/A-Einheit übertragen, für die Übertragung in umgekehrter Richtung ist eine Vorbereitung mit Hilfe eines Interrupts erforderlich. Dieser wird gesendet, wenn Daten oder Status verfügbar sind. Im Bild 3 ist in beiden Richtungen eine Vorbereitung durch Interrupt erforderlich. Auf Grund von dessen Ausführung können anschließend Befehle, Daten oder Status übernommen werden.

Bild 4 stellt den Informationsaustausch mittels gemeinsamer Speicherbereiche für die Zwischenspeicherung der zu übertragenden Informationen dar. Diese werden nach Verfügbarkeit in die Speicherbereiche ohne Kenntnis des Zustands der intelligenten Ziel-FE übertragen. Die Weiterleitung der Information erfolgt nach Vorbereitung der Ziel-FE mit Interrupt und dessen Ausführung.

Prozessor		*E/A-Gerät*
Senden von Befehl oder Daten	*>----> I/S >---->*	*Empfangen von Befehl oder Daten Ausführen Daten oder Status verfügbar*
Empfangen eines Interrupts Ausführen	*<----< I/S <----<*	*Senden eines Interrupts*
Empfangen von Daten oder Status	*<----< I/S <----<*	*Senden von Daten oder Status*

I/S – Interface-Schnittstelle

Bild 2 Informationsaustausch zwischen Prozessor und nichtintelligentem E/A-Gerät unter Verwendung von Interrupts

Prozessor		*E/A-Steuergerät*
Schreiben eines Kommandoblocks zum E/A-Steuergerät	*>----> I/S >---->*	*Kommando verursacht Interrupt Ausführen Daten oder Status verfügbar*
Empfangen eines Interrupts Ausführen	*<----< I/S <----<*	*Senden eines Interrupts*
Empfangen von Daten oder Status	*<----< I/S <----<*	*Senden von Daten oder Status*

Bild 3 Informationsaustausch zwischen Prozessor und intelligentem E/A-Steuergerät unter Verwendung von Interrupts

```
Prozessor                                        E/A-Steuergerät
-----------------------------------------------------------------
Schreiben des              >--->  GL-Sp
Kommandoblocks zum
Globalspeicher
Beenden eines Interrupts   >--->  I/S >--->    Empfangen eines
                                               Interrupts
                                               Ausführen
                                  Gl-Sp >---> Analysieren des
                                               Kommandos aus dem
                                               Globalspeicher
                                               Ausführen
                                  Gl-Sp <---< Schreiben von Daten
                                               oder Status zum Global-
                                               speicher
Empfangen des              <---<  I/S <---<    Senden eines Interrupts
Interrupts
Ausführen
Empfangen von Daten        <---<  Gl-Sp
oder Status vom
Globalspeicher
-----------------------------------------------------------------
Gl-Sp – Globalspeicher
```

Bild 4 Informationsaustausch zwischen Prozessor und intelligentem E/A-Steuergerät unter Verwendung von Interrupts und gemeinsamer Speicherbereiche für den Informationsaustausch

```
Prozessor                                        E/A-Steuergerät
-----------------------------------------------------------------
kurze Nachricht >--> L-Sp
(unsolicited)
                      ISt >--> I/S >--> ISt
                                        L-Sp >--> kurze Nachricht
                                                  (unsolicited)
                                                  Ausführung
-----------------------------------------------------------------
L-Sp – Lokalspeicher
ISt – Interfacesteuerung
```

Bild 5 Informationsaustausch zwischen Prozessor und intelligentem E/A-Steuergerät ohne Verwendung von Interrupts mit individuellen Speicherbereichen für den Informationsaustausch (Ein-Block-Übertragung)

```
Prozessor                                        E/A-Steuergerät
-----------------------------------------------------------------
lange Nachricht >--> L-Sp
(solicited)
                  Pufferanforderung
                ISt >--> I/S >--> ISt
                                  --> Puffer notwendig
                                  <-- Puffer bereit
                  Pufferbereitstellung
                ISt <--< I/S <--< ISt
                        Daten
                   >-->       >-->
             L-Sp   |           |   L-Sp  lange Nachricht
                   >-->       >-->        (solicited)
      Transfer beendet          Transfer beendet
           <--<                       >-->
-----------------------------------------------------------------
```

Bild 6 Informationsaustausch zwischen Prozessor und intelligentem E/A-Steuergerät ohne Verwendung von Interrupts mit individuellen Speicherbereichen für den Informationsaustausch (Mehr-Block-Übertragung)

```
Bus-Konfiguration II                                     Bus-Konfiguration I
Prozessor                                                E/A-Steuergerät
-----------------------------------------------------------------------------
Schreiben des      Link                                  Kommando verur-
Kommandoblocks     >-->      >-->   I/S >------>         sacht Interrupt
zum E/A-St.-Gerät  K II>K I

                                                         Ausführen
                                                         Daten oder Status
                                                         verfügbar
                                    Link
Empfangen des      <------<         I/S <--<  <--<       Senden eines
Interrupts                          K II<K I             Interrupts
                   Link
Lesen von Daten    >-->      >-->   I/S >------>         Slave liefert Daten
oder Status        K II>K I                              oder Status
aus Gl-Sp
                   Link
Schreibkommando    >-->      >-->   I/S >------>         Kommando verur-
zur Löschung des   K II>K I                              sacht Interrupt
Interrupts

                                                         Ausführung:
                                                         Löschung des
                                                         Interrupts
-----------------------------------------------------------------------------
Link
K II<>K I  – Umsetzung von K II auf K I und umgekehrt
```

Bild 7 Informationsübertragung zwischen einem Prozessor der Bus-Konfiguration II und einem intelligenten E/A-Steuergerät der Buskonfiguration I (Übertragung von kurzen Nachrichten)

Die Bilder 5 und 6 charakterisieren eine Ein-Block- bzw. Mehr-Block-Übertragung mit Hilfe eines Kommunikationsprotokolls unter Verwendung von individuellen Speicherbereichen (interne Arbeitsspeicher als spezieller Nachrichtenraum) ohne Nutzung von Interrupts. Das jeweils übertragene Nachrichtenpaket enthält u. a. Ziel- und Quelladresse der am Informationsaustausch beteiligten FE bzw. Moduln (ohne Kenntnis der Adressen im internen Speicher, deren Zuordnung durch den entsprechenden intelligenten Modul organisiert wird). Durch eine derartige Organisation ist es möglich, unter bestimmten Betriebsbedingungen eine wesentliche Erhöhung der Übertragungsrate zu erzielen. Auf diese Weise ist auch eine virtuelle Interruptsignalisierung realisierbar.
Bild 7 zeigt die Möglichkeit des Informationsaustausches zwischen Moduln, die in voneinander abweichenden Bus-Architekturen arbeiten. In diesem Fall ist bei unterschiedlichen Organisationsmethoden eine Anpassung in Form von Busumsetzern für beide Übertragungsrichtungen notwendig. Sie ermöglicht den Übergang vom Steuerprinzip auf der Basis eines Kommunikationsprotokolls mit Verwendung eines Nachrichtenadreßraumes zum Steuerprinzip mit Interrupt und umgekehrt. Eine solche Kommunikation ist in drei Phasen zu unterteilen: Vorbereitung, Durchführung, Beendigung.
Im dargestellten Fall handelt es sich um die Kommunikation zwischen zwei intelligenten Moduln. Es ergibt sich eine Kombination zwischen den beiden genannten Mechanismen. Der Inhalt des Speicher- oder E/A-Raums der Buskonfiguration II wird direkt in den entsprechenden Raum der Buskonfiguration I geschrieben. Nach Auswertung des Kommandoblocks, Ausführung des Kommandos und Schreiben von Daten und/oder Status in den Globalspeicher wird ein Interrupt vom Ziel-Modul erzeugt und zum Quell-Modul übertragen. Daran anschließend erfolgt die Übernahme von Daten und/oder Status durch den Zielmodul aus dem Globalspeicher. Der Vorgang wird durch Löschen des Interrupts im Ziel-Modul durch den Quell-Modul abgeschlossen.

2. Systemkonfiguration mit Multibus I

Die Multibus-I-Architektur besteht aus einem öffentlichen und einem privaten Systembus, also jeweils einem Bus mit globalem und lokalem Charakter (Bild 8). Der öffentliche Systembus (Bild 8a) dient dem Informationsaustausch zwischen Prozessormoduln und öffentlichen oder Global-Speichern sowie E/A-Einheiten. Bei Vorhandensein mehrerer Prozessormoduln ist von jedem der Zugriff zu allen öffentlichen Speicher- und E/A-Einheiten möglich. In diesem Fall erfolgt die Buszuweisung an einen dieser Prozessormoduln auf der Basis eines verteilten Zuweisungs- bzw. Zuteilungsmechanismus mit einem Bus-Arbiter je Prozessormodul. Eine Übersicht gibt Tafel 1. Über den privaten Systembus (Bild 8b) ist ein Prozessormodul mit den lokalen Ressourcen, d. h. Speicher und E/A-Einheiten, verbunden. Zu diesen lokalen Ressourcen ist nur vom zugeordneten Prozessormodul der Zugriff möglich. Der Prozessormodul (Bild 8c) ist als einfacher und komplexer Modul realisierbar. Ein einfacher Prozessormodul besteht aus einem (Verarbeitungs- oder Ein-/Ausgabe-)Prozessor und je einem Businterface zum privaten und öffentlichen Systembus. Ein komplexer Prozessormodul besteht aus mehreren Prozessoren mit Verarbeitungs- und/oder Ein-Ausgabeaufgaben und den genannten Businterfaces mit Sender/Empfänger und Bussteuereinheit. Die Baugruppen des Prozessormoduls arbeiten über einen Lokalbus zusammen.

3. Systemkonfigurationen mit Multibus II

3.1. Allgemeiner Aufbau

Hauptbestandteile der Multibus-II-Architektur sind System- und Lokalbus.
Der Systembus (Bild 9a) dient als zentrales Verbindungsglied dem Informationsaustausch zwischen Prozessorbereichen und, wenn erforderlich, zwischen Prozessorbereichen und globalen Speicher- und E/A-Moduln. Er besteht aus zwei voneinander unabhängigen Bussen:

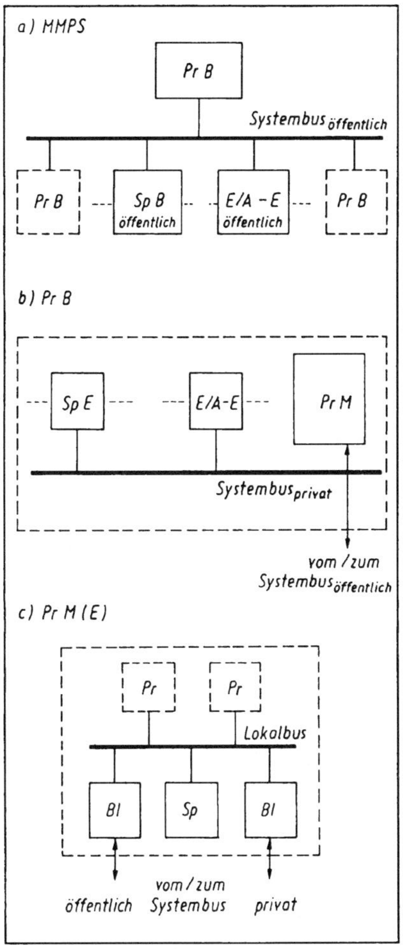

Bild 8 Grundstruktur eines MMPS auf Multibus-I-Basis

Tafel 1 Übersicht über Lokal- und Systembus bei Multibus I

Lokalbus (≙ internem Bus des Prozessormoduls in Bild 1):
– Zusammenschalten/-wirken von Prozessoren (Verarbeitungs-Ein-/Ausgabeprozessoren) *– Zusammenwirken mit anderen SK über Businterface-Baustein (Steuer- und Puffereinheiten) Latch Sender/Empfänger*
Systembus:
– öffentlicher Systembus (Globalbus; ≙ Systembus in Bild 1) *Zusammenarbeit von Prozessormoduln mit gemeinsamen Speicher- und Ein- und Ausgabe-Moduln* *– privater Systembus (Lokalbus)* *Zusammenarbeit von Prozessormoduln am Lokalbus (≙ Lokalbus im Prozessor-Block in Bild 1) mit individuellen Speichereinheiten (über Resident-Bus) und Ein-/Ausgabeeinheiten (privater/individueller/lokaler E/A-Bus)*

– Der parallele Systembus (iPSB) ist ein 32 Bit breiter Verbindungsweg für die Prozessormoduln eines Systems; er übernimmt die Arbitrierung und ermöglicht den Zugriff auf globale Speicher- und E/A-Ressourcen.
– Der serielle Systembus (iSSB) verbindet Moduln eines Systems mit Hilfe einer Zweidrahtleitung über größere Entfernungen miteinander und erlaubt dadurch die räumlich getrennte Anordnung von Systemkomponenten. Der Lokalbus (Bild 9b) ermöglicht die Verbindung zwischen Prozessor- und intelligenten E/A-FE und lokalen Speichereinheiten. Die Gesamtheit der an einen Lokalbus angeschalteten Baugruppen wird als Funktionsblock (Agent) bezeichnet. Auf Grund der lokalen Zuordnung von Prozessor und Speicher und der Organisation auf der Basis einer überlappten Arbeitsweise (pipelining) von Adreß- und Datenphasen sind eine Entlastung des Systembusses und eine Leistungserhöhung möglich. Innerhalb eines FB können maximal 6 FE oder Moduln, davon bis zu zwei FE mit Masterfunktion (Prozessoren mit Verarbeitungs- und/oder E/A-Funktion), eingesetzt werden. Die lokalen Speichereinheiten sind zusätzlich an den parallelen Systembus anschaltbar, zu ihnen kann dann von Prozessor-FE anderer FB zugegriffen werden.
Die über einen parallelen Systembus zusammenarbeitenden Prozessorbereiche bilden einen Multibus-Bereich (Bild 9c). Mehrere Multibus-Bereiche werden über einen seriellen Systembus zusammengeschaltet (Bild 9d).

3.2. Komponenten des Multibus-II-Systems

3.2.1. Paralleler Systembus iSSB

3.2.1.1. Arbeitsweise von Daten- und Adreßbus

Der parallele Systembus ist die zentrale Kommunikationsverbindung in jedem Multibus-Bereich. Er arbeitet synchron mit einer Taktfrequenz von 10 MHz. Die synchrone Arbeitsweise hat folgende Vorteile:
– Erhöhung von Zuverlässigkeit und Störsicherheit
– Vereinfachung der Steuerung mit Verringerung der Verzögerungszeiten der Signale und damit verbundene Erhöhung der Arbeitsgeschwindigkeit.
Daten- und Adreßbus arbeiten multiplex und sind jeweils maximal 32 Bit breit; andere mögliche Formate sind 8, 16 und 24 Bit. Es besteht daher die Möglichkeit, 8-, 16- und 32-Bit-Mikroprozessoren an den Bus zu schalten. Kommando- und Statussignale werden ebenfalls im Multiplexbereich behandelt. Daraus resultiert ein geringerer Aufwand an Leitungen, Schaltkreisen und Stromverbrauch.
Zwei Transfer-Modi sind möglich:
– In einem Einfach-Zyklus werden im ersten Takt die Adresse und während des folgenden Taktes die Daten übertragen. Der Durchsatz beträgt 20 MByte/s.
– In einem Mehrfachzyklus werden im ersten Takt die Adresse und während der folgenden Takte ein Datenblock beliebiger Länge übertragen. Der Durchsatz beträgt 40 MByte/s. Dieser Modus ist besonders für den Betrieb von 32-Bit-Mikrorechnern zweckmäßig.
Zur Erhöhung der Störsicherheit sind jeweils 8 Adreß-/Datenleitungen durch ein Paritätsbit geschützt, wodurch eine sofortige Fehlererkennung möglich ist.

3.2.1.2. Bedeutung von Kommando- und Statusleitungen

Die Kommando- und Statusleitungen der System-Control-Gruppe (SC 0...7) haben zu unterschiedlichen Zeitpunkten innerhalb des Buszyklus verschiedene Bedeutung; sie sind durch ein Paritätsbit (SC 8) geschützt (siehe Tafel 2).
Weitere Fehlermöglichkeiten, wie BUSERR, TIMEOUT, NACK, führen zu einem sofortigen Abbruch des Buszyklus und Übergang in einen Fehlerzyklus.

3.2.1.3. Arbitrierung und Interruptsteuerung

Die Multibus-II-Architektur ist durch eine dezentrale Arbitrierung gekennzeichnet; jeder intelligente FB ist an diesem Vorgang beteiligt. Die Prioritätsauflösung erfolgt in maximal drei Takten, wird aber überlappt mit laufenden Transferzyklen durchgeführt, so daß minimale Zeitverluste, insbesondere bei hoher Busbelastung, entstehen. Wenn mehrere Busmaster gleichzeitig zum Bus zugreifen (BREQ), sorgt die verteilte Arbitrierlogik für die Zugriffsberechtigung des FB (der FE) mit der bei der Initialisierung festgelegten höchsten Priorität. Alle in einem Prioritätszyklus vorliegenden und bewerteten Prioritäten werden bearbeitet, ehe ein neuer Arbitrierzyklus durchgeführt wird. Dadurch wird erreicht, daß eine FE mit hoher Priorität den Bus nicht zu hoch auslastet und dadurch FEs mit niedriger Priorität nicht mehr arbeiten können. Es besteht aber die Möglichkeit, diesen Algorithmus mit einem High-Priority-Request-Signal (ARB 5) zu unterbrechen und einen High-Priority-Zyklus einzuschieben. Wenn mehrere FEs dieses Anforderungssignal ausgeben, kommt der beschriebene Prioritätsmechanismus zur Anwendung.

Tafel 2 Bedeutung der Kommando- und Statusleitungen

Adreßphase		*Datentransferphase*	
SC 0	*Beginn eines Buszyklus* *= ALE-Signal (address latch enable)*		
SC 1	*Sperrung des Busses gegen Zugriff anderer Moduln zum Zwecke der Ausführung mehrerer Buszyklen*		
SC 2)	*Spezifikation der Breite*	*SC 2*	*Ende des Buszyklus* *H: Datentransfer*
SC 3)	*des Datentransfers*		*L: Ende des Datentransfers mit einem nachfolgenden Datentakt (Steuerung des Blocktransfers)*
		SC 3) *SC 4)*	*Implementierung eines zweiseitigen Handshake-Protokolls* *SC 3: Verzögerung der Daten durch den Sendemodul Requester ready (RQRDY)*
SC 4)	*Definition des Adreßraums*		*SC 4: Verzögerung der Daten durch den Empfangsmodul Replier ready (RPRDY)*
SC 5)	*(Speicher-, E/A, Interconnect- oder Messageadreßraum*	*SC 5)* *SC 6)* *SC 7)*	*Rückmeldung Empfänger Sender bei Fehler (u. a. illegale Adresse, Ende des Speicherbereichs bei Blocktransfer, Paritätsfehler) Meldung am Ende des Buszyklus*
SC 6	*Kennzeichnung von Lese- und Schreibzugriff*		

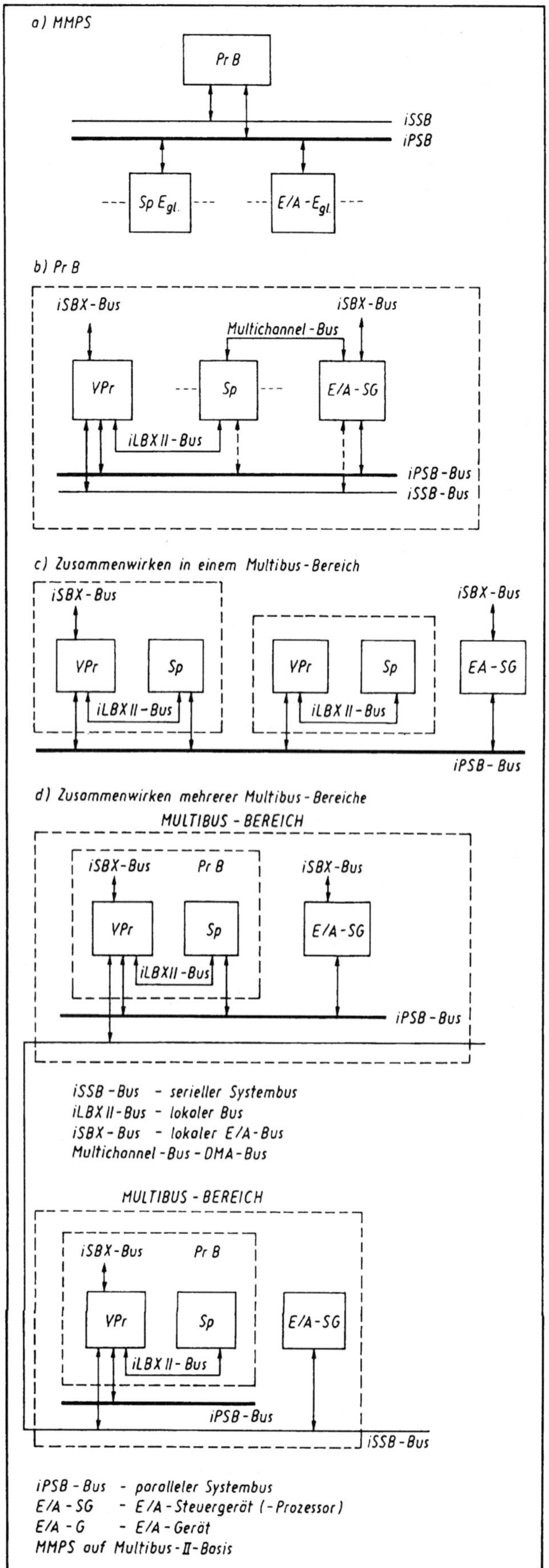

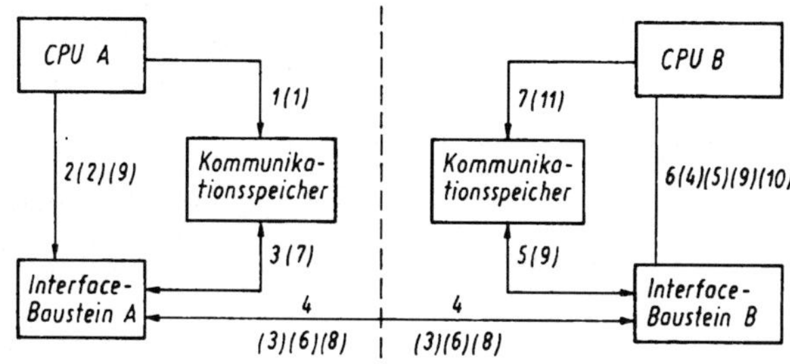

Ablauf bei „unsdicited"-Übertragung

1 Ablage der zu übertragenden Nachricht im Arbeitsspeicher durch die CPU A
2 Information des Interface-Bausteins A über Forderung einer Informationsübertragung
3-5 Senden und Empfangen der Nachricht (Informationsübertragung)
6 Information der CPU B durch den Interface-Baustein B
7 Übernahme der übertragenen Nachricht aus dem Arbeitsspeicher zur CPU B

Ablauf bei „solicited"-Übertragung

1 wie oben
2 wie oben
3 Übermittlung der Kommunikationsspeicher-Forderung
4-5 Anforderung und Bereitstellung des Kommunikationsspeichers durch die CPU B
6 Information über Kommunikationsspeicher-Bereitstellung
7-9 Senden und Empfangen der Nachricht (Informationsübertragung)
10 Information der CPU B durch den Interface-Baustein B
11 Übernahme der übertragenen Nachricht aus dem Arbeitsspeicher zur CPU B

Kommunikationsspeicher = Teil des Arbeitsspeichers

◀ *Bild 9 Grundstruktur eines MMPS auf Multibus-II-Basis*

Bild 10 Nachrichtenaustausch zwischen zwei CPU

Mehrprozessorsysteme müssen die Signalisierung von Interrupts zwischen den Prozessoren ermöglichen. Da die Verwendung von Interruptleitungen wegen des notwendigen Leitungsaufwands von n x (n−1) Leitungen unzweckmäßig ist, überträgt die Multibus-II-Architektur in Anlehnung an den später beschriebenen Kommunikationsmechanismus auf der Basis eines standardisierten Nachrichtenprotokolls Interrupts in Nachrichtenform. Auf diese Art und Weise stehen 256 virtuelle Interrupteingänge und -ausgänge je Steckeinheit zur Verfügung.

3.2.1.4. Adreßräume

Zu Beginn des Buszyklus wird der Adreßraum durch die Kommando- bzw. Statusleitungen SC 4, SC 5 als Basis für die Interpretation der Adresse definiert:
– Speicheradreßraum mit 32-Bit-Adresse, Adressierung von 4 GByte Arbeitsspeicher
– E/A-Adreßraum mit 16-Bit-Adresse, Adressierung von 64 K E/A-Ports.
Diese beiden Adreßräume entsprechen denen herkömmlicher Bussysteme.
– Interconnect-Raum für Installation und Wartung mit 16-Bit-Adresse, davon: 5 Bit für örtliche Adressierung, d. h. Lage der einzelnen Steckeinheit im System, 11 Bit für Adressierung der Register je Steckeinheit mit Herstellungs- und Größenangaben, Initialisierungs- und Wartungsinformation. Dieser Raum dient zur Konfigurierung des Systems durch das Betriebssystem ohne manuelle Eingriffe.
– Message-Adreßraum mit 8-Bit-Adresse: Für logische Adressierung der Steckeinheit zwecks Übertragung von Nachrichten variabler Länge (Bündel-Transfer) ohne Kenntnis der Speicher- oder Portadressen auf der Steckeinheit: Nachricht als standardisiertes Protokoll zur Modulkommunikation mit Hardwareunterstützung für Informationsaustausch

zwischen CPUs, Interruptsignalisierung und Software-Reset.

3.2.2. Lokalbus (iLBX II)

Zur Erhöhung der Leistungsfähigkeit wird die Zugriffszeit durch Verwendung des Lokalbusses verringert, wodurch der Systembus entlastet wird, der bei alleinigem Vorhandensein nur ein MMPS mit maximal drei Prozessoren ermöglicht. Der Lokalbus ist Voraussetzung für die Zuordnung individueller Speicher. Diese unmittelbare Zuordnung ermöglicht den sofortigen Zugriff über den Bus, verwendet leistungsschwächere (damit schnellere) Bustreiber und vereinfacht (oder erspart) die Arbitrierung. Damit ist eine Leistungssteigerung des einzelnen Prozessors und des MMPS möglich.
An den iLBX-II-Bus sind maximal 6 Steckeinheiten anschaltbar, davon können zwei Busmaster sein. Der Arbitriermechanismus ist sehr einfach: Ein Primär-Master hat dauernde Zugriffsmöglichkeit zum Bus, ein Sekundär-Master muß bei Notwendigkeit eine Busanforderung mittels eines Request/Acknowledge-Protokolls an den Primärmaster stellen. Dieser Mechanismus entspricht der Kommunikation zwischen CPU und DMA-FE. Der Primärmaster hat außerdem Zugang zum parallelen Systembus, der Sekundärmaster und die Slaves können je nach Bedarf einen derartigen Zugang erhalten. Das System kann mehrere Lokalbusse enthalten.
Der iLBX-II-Bus hat 26 Adreßleitungen für 64 MByte lokalen Speicher und 32 Datenleitungen. Der dadurch mögliche Verzicht auf Multiplexbetrieb erlaubt eine Überlappung von Daten- und Adreßphasen (pipelining). Der iLBX-II-Bus wird synchron zum Primärmaster betrieben, was eine optimale Anpassung der CPU an den Speicher ermöglicht. Bei einer maximalen Taktfrequenz von 12 MHz ergibt sich eine Transferrate von 48 MByte/s, wobei auch Blocktransfer möglich ist.

3.2.3. Serieller Systembus (iSSB)

Durch den seriellen Systembus sind Verbindungen zwischen Steckeinheiten über eine Zweidrahtleitung möglich. Daraus resultieren für bestimmte Einsatzfälle
– die Senkung der Kosten für den Verbindungsweg (Ersatz von etwa 60 Leitungen des parallelen Systembusses durch zwei Leitungen) und
– die Möglichkeit der Verbindung zwischen örtlich weit auseinanderliegenden Steckeinheiten aus verschiedenen Multibusbereichen und der Zuordnung zu verschiedenen Rückverdrahtungsplatten.

Eine sinnvolle Anwendung besteht im zusätzlichen Betrieb zum parallelen System als Diagnose- und/oder Ersatzkanal.
Der serielle Systembus dient der Übertragung von Nachrichten unterschiedlichen Typs und variabler Länge, die durch einen 16-Bit-CRC geschützt wird. Die Adressierung der Teilnehmer erfolgt mit 8 Bit. Softwaremäßig besteht kein Unterschied zwischen der Informationsübertragung über seriellen oder parallelen Systembus; die Erstellung der Software ist also unabhängig von der Implementierung der Verbindungsstruktur.
Über den Bus lassen sich bis zu 32 Knoten verbinden (Kabellänge bis zu 10 m). Als Übertragungsverfahren wird ein CSMA/CD-Verfahren[1] ohne Arbitriersignale verwendet.
Dieses Verfahren hat folgende Eigenschaften:
– Alle FE sind gleichberechtigt an den Bus geschaltet und registrieren seinen Zustand.[2]
– Ist der Bus frei, kann bei Bedarf das Senden einer Nachricht durch eine FE sofort durchgeführt werden.
– Ist der Bus belegt, muß die FE mit Übertragungsanforderung auf dessen Freiwerden warten.

Kollisionen treten auf, wenn mehrere Sender gleichzeitig senden. Das kann auftreten
– infolge Registrierens des Freiseins des Verbindungsweges
– infolge Feststellens des Endes einer Übertragung.

Das Auflösen von Kollisionen erfolgt mittels Zeitscheibenverfahren, das jeder FE am Bus innerhalb einer maximalen Zeit das Aussenden ihrer Nachricht ermöglicht (deterministisch, TDMA-Verfahren[3]).
Die physikalische Signalisierung verwendet die beiden Leitungen SDA und SDB mit folgender Codierung:

SDA	SDB	Information
0	0	Kollision
0	1	logische 0
1	0	logische 1
1	1	Leitung frei.

3.2.4. Informationsaustausch mit (standardisiertem) Nachrichtenprotokoll

Die Informationsübertragung über den parallelen und seriellen Systembus wird auf der Basis eines Kommunikationsprotokolls als Teil der Busspezifikation mit Hardwareunterstützung nach dem Prinzip von Bild 6 und 7 durchgeführt. Die Anordnung und der Ablauf für Senden und Empfangen der Nachricht sind im Bild 10 dargestellt.
Die unsolicited[4]- und solicited[5]-Übertragung charakterisiert einen Ein- und Mehr-Block-Informationsaustausch. Das Nachrichtenpaket hat folgendes Aussehen:

Zieladresse	Quelladresse	Kommando	Länge	Nachricht	CRC
8 Bit	8 Bit				

Längen- und Nachrichtenfeld sind nur in bestimmten Kommandos vorhanden, das CRC-Feld ist nur beim seriellen Sytembus erforderlich.
Die Abläufe nach Bild 10 zeigen,
– daß die Kenntnis der Arbeitsspeicheradressen der CPU B für die CPU A nicht erforderlich ist und
– daß die CPU A und die CPU B nicht direkt am Transfer beteiligt sind.
Es handelt sich also um einen betriebssystemneutralen und schnellen Informationsaustausch-Mechanismus.
Wichtige Kommandos sind:
– Reset Modul: softwaremäßiges Rücksetzen eines Moduls
– Interrupt: virtuelle Interruptübermittlung in Form eines Nachrichtenpakets
– Unsolicited-Nachricht: Übertragungsprotokoll ohne Kommunikationsspeicherzuweisung beim Empfänger für kurze Nachrichten fester Länge
– Solicited-Nachricht: Übertragungsprotokoll mit Kommunikationsspeicherzuweisung beim Empfänger für lange Nachrichten variabler Länge

4. Vergleich zwischen Multibus I und II

Für die Anwendung einer Bus-Architektur mit verschiedenen Teilbussen gelten folgende Aspekte:
1. Unter Beibehaltung der Bandbreite des allgemeinen Falls wird eine virtuelle Bandbreite für Prozessor-Kommunikation und Datenaustausch erzeugt.
2. Spezielle Busse können ihre Funktionen besser erfüllen als der allgemeine Bus.
3. Die Funktionen können parallel über verschiedene Busse abgearbeitet werden.
4. Nutzer können auf Grund vorgegebener Systemeigenschaften die dem Verwendungszweck entsprechenden Busse auswählen und damit minimale Kosten erzielen.
Der Übergang vom Multibus I zum Multibus II ist zweckmäßig
– bei Notwendigkeit der Erhöhung der Verarbeitungsleistung
– bei Forderungen bezüglich der Verbesserung der Multiprozessorfähigkeit
– bei Notwendigkeit der Anwendung von 32-Bit-Mikroprozessoren
– bei Forderungen bezüglich der Systemzuverlässigkeit.
Als Optimierungsprinzipien für Teilbusse der Multibus-II-Architektur gelten folgende Gesichtspunkte:
– iPSB Optimierung der Prozessor-Kommunikation und des damit verbundenen Datenaustausches
– iLBX II Optimierung bezüglich maximaler Verarbeitungsgeschwindigkeit
– iSSB Optimierung bezüglich minimaler Kosten für Prozessor-Kommunikation.
Vorteile der Multibus-II-Architektur gegenüber der Multibus-I-Architektur:
1. Höhere Transferrate über den parallelen Systembus:
20 bzw. 40 MByte im Einfach- bzw. Mehrfach-(Block-)Zyklus gegenüber 5 MByte (Bytebetrieb) oder 10 MByte (Wortbetrieb)
2. Möglichkeit der Bildung von Prozessorbereichen durch Verwendung des seriellen Systembusses (Entfernung bis zu 10 m)
3. Vergrößerung des Speicherraums von 16 MByte auf 4 GByte durch 32-Bit-Adresse
4. Erhöhung der Übertragungssicherheit durch Verwendung je eines Paritätsbits für 8 Leitungen (Adreß-, Daten-, Kommando- und Steuerleitungen)
5. Möglichkeit der Zusammenarbeit von 8-, 16- und 32-Bit-Rechnern und Durchführung von 8-, 16-, 24- und 32-Bit-Übertragungen gegenüber 8- und 16-Bit-Übertragungen
6. Verwendung eines Übertragungsprotokolls ohne Interrupt zur Verminderung der Störanfälligkeit und des Aufwandes sowie zur Erhöhung der Übertragungsgeschwindigkeit ergibt Unabhängigkeit von Sender/Empfänger und Möglichkeit des Blocktransfers.
7. Anwendung eines virtuellen Interruptkonzepts als Ersatz für ein solches mit Steuerlei-

---

[1] carrier sense multiple access – stochastische Buszugriffsmethode mit dezentraler Steuerung, Zugriff mit teilweiser Kooperation, Verhindern der Übertragung durch einen Sender bei bereits laufender Übertragung
[2] broadcast-Verhalten: ein Kanal, bei dem alle FE in der Lage sind mitzuhören, um festzustellen, ob eine Übertragung stattfindet, und um zu erkennen, ob eine Nachricht für die eigene oder eine andere FE bestimmt ist
[3] time division multiple access scheme – Zugriff mit vollständiger Kooperation
[4] unmittelbare Übertragung vom Sender zum Empfänger
[5] mittelbare Übertragung nach Aufforderung durch den Sender und anschließender Anforderung durch den Empfänger

tungen zum Zweck der Erhöhung der Anzahl der Interrupteingänge und -ausgänge und Verminderung des Aufwandes.

8. Verwendung eines Lokalbusses (iLBX II) mit getrenntem Adreß- und Datenbus und der Möglichkeit einer überlappten Arbeitsweise (pipelining) zur Erhöhung der Verarbeitungsleistung.

9. Erhöhung der Speicherkapazität des Lokalspeichers auf 64 MByte durch Verwendung von 26 Adreßleitungen.

10. Verwendung eines Lokalspeichers mit Zugriffsmöglichkeit durch Prozessor der eigenen oder anderer Lokalbusbereiche mit Erhöhung des Freiheitsgrades der Speicherzuordnung (Unterbringung der Daten im Bereich mit maximaler Nutzung, wodurch sich eine Entlastung des Systembusses ergibt, der in diesem Fall nur bei Nutzung der Daten durch Prozessoren anderer Lokalbusbereiche in Anspruch genommen wird).

Bei Multibus-II-Architekturen können von Prozessoren unterschiedlicher Lokalbus- und Systembus-Bereiche genutzte Daten im Lokal- oder Globalspeicher untergebracht werden, während Multibus-I-Architektur die Speicherung derartiger Daten im Globalspeicher notwendig macht.

Literatur

/1/ Geyer, J.: Multibus II: 32-bit-Bus für leistungsfähige offene Systeme. Elektronik 26/30. 12. 1983 S. 32–37 und 1/13. 1. 1984 S. 2–5

/2/ Jacks, E.: Multibus Link preserves hardware and software investment. update 8 (1984) 6, S. 297–300

/3/ Müller, K. D.: Comparison and Status of 32 Bit Backplane Bus Architectures. IEEE Nuclear Science Symp. 1984 Orlando/Florida

EPROM-Programmiergerät EPG01

Ekkehard Fischer, Andreas Edelmann
VEB Erdöl-Erdgas Grimmen

Mit dem beschriebenen Programmiergerät ist es möglich, EPROMs von 2 bis 32 KByte Speichervermögen zu programmieren (Tafel 1). Mit einer unkomplizierten Hard- und Softwaremodifizierung lassen sich auch EPROMs bis 64 KByte programmieren, was aber nicht Anliegen dieses Beitrages sein soll. Das Gerät läßt sich an einen PC-1715-Bus anschließen. Auf die Programmierung von 1-K-EPROMs wurde keine Rücksicht genommen, da sie weitgehend veraltet sind und unkomfortable Anschlußbedingungen besitzen. Die erforderliche Software ist in TURBO-PASCAL erarbeitet worden und bietet außer der Software für die Programmierung noch weitere Bedienerserviceroutinen. Eine Erweiterungsmöglichkeit des PC 1715 stellt die separat einsetzbare parallele Schnittstelle dar. Die Nachnutzung des gesamten Systems bzw. einzelner Komponenten ist über das BfN des VEB Erdöl-Erdgas Grimmen möglich.

Allgemeiner Aufbau

Das EPROM-Programmiergerät EPG01 besteht im wesentlichen aus folgenden drei Baugruppen (Bild 1):

- parallele Schnittstelle
- Programmiereinheit mit Programmierspannungsversorgung
- EPROM-Steckeinheit.

Die Untergliederung des Gesamtgerätes wurde deshalb vorgenommen, da die parallele Schnittstelle separat nutzbar sein sollte.

Beschreibung der Funktionsgruppen

Parallele Schnittstelle

In ihrer Grundkonfiguration ist die parallele Schnittstelle mit zwei PIOs U 855 C ausgestattet. Auf der Leiterkarte der parallelen Schnittstelle besteht die Möglichkeit, einen CTC U 858 C einzusetzen. Damit ist man in der Lage, weitere Anwendungsfälle für diese Baugruppe zu finden.

Dipl.-Ing. Ekkehard Fischer (31) studierte von 1974 bis 1979 am Aserbaidshanischen Institut für Erdöl und Chemie (UdSSR), Sektion Bohrtechnik. Von 1983 bis 1985 absolvierte er ein postgraduales Studium an der Technischen Hochschule Ilmenau, Sektion Technische und Biomedizinische Kybernetik. Seit 1986 arbeitet er als Forschungsingenieur in der Abteilung Mikroelektronik des VEB Erdöl-Erdgas Grimmen und beschäftigt sich mit dem Einsatz der Mikroelektronik auf Bohranlagen.
Dipl.-Ing. Andreas Edelmann (29) studierte von 1981 bis 1986 an der Technischen Hochschule Ilmenau, Sektion Technische und Biomedizinische Kybernetik. Seit 1986 arbeitet er als Leiter der Abteilung Mikroelektronik des VEB Erdöl-Erdgas Grimmen. Seine derzeitige Forschungsarbeit befaßt sich mit der Prozeßdatenerfassung und -auswertung im Bohrprozeß.

Alle Elemente der vollständigen Schnittstelle sind interruptfähig. Durch eine Umgehungslogik wurde die Interrupteinschwingzeit minimal gehalten /2/. Der beim PC 1715 freie I/O-Port-Adreßbereich von 80H bis 8BH fand bei Belegung durch die parallele Schnittstelle Verwendung. Eine entsprechende Untergliederung der I/O-Portadressen ist in Tafel 2 zu finden. Die Zuordnung der PIO-Ports zu den von der Programmiereinheit benötigten Signalen ist in Tafel 3 dargestellt.

Tafel 1 Programmierbare EPROM-Typen mit der Angabe der Programmierspannung und dem Speichervolumen

EPROM-Typ	Speicher-volumen	Programmier-spannung
2716	2	25 V
2732	4	25 V
2732 A	4	21 V
2764	8	21 V
2764 A	8	12,5 V
27128	16	21 V
27128 A	16	12,5 V
27256	32	12,5 V

Tafel 2 I/O-Portadressen des PC 1715 für die parallele Schnittstelle

I/O-Portadresse	Funktion
8ØH	PIO 1A Daten
81H	PIO 1B Daten
82H	PIO 1A Contr.
83H	PIO 1B Contr.
84H	PIO 2A Daten
85H	PIO 2B Daten
86H	PIO 2A Contr.
87H	PIO 2B Contr.
88H	CTC Kan. Ø
89H	CTC Kan. 1
8AH	CTC Kan. 2
8BH	CTC Kan. 3

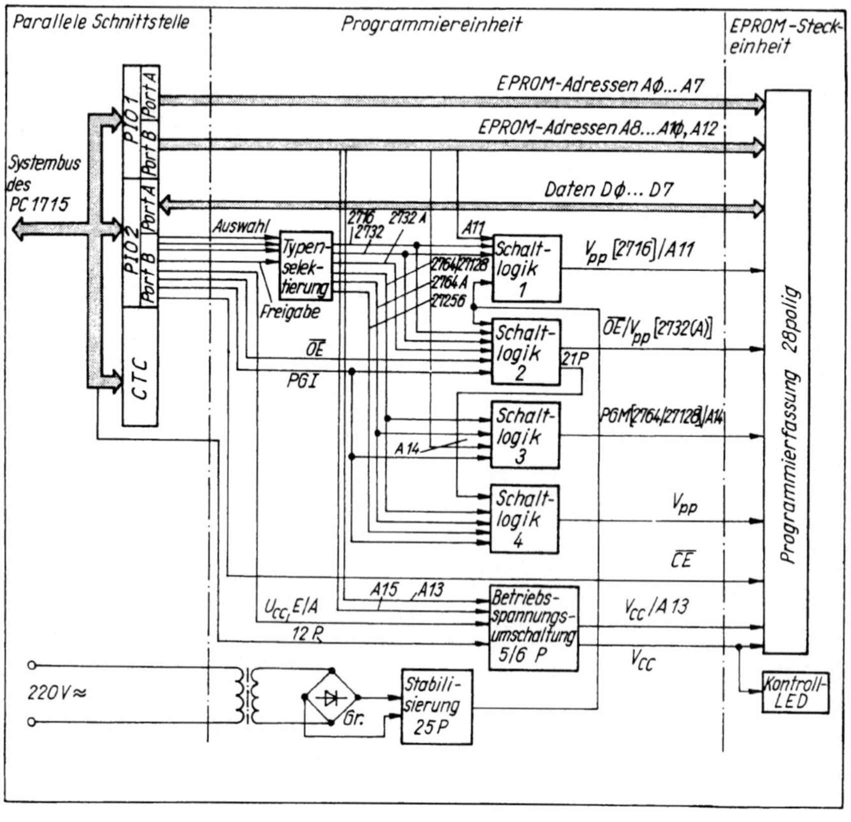

Bild 1 Blockschaltbild

Tafel 3 Zuordnung der PIO-Ports zu den Signalen der Programmiereinheit

PIO-Port	Bit	Funktion
A1	0...7	EPROM-Adreßbit 0...7
B1	0...6	EPROM-Adreßbit 8...14
	7	Umschaltung der Betriebsspannung 5 V bzw. 6 V
A2	0...7	EPROM-Datenbit 0...7
B2	0...2	Typenauswahl Bit 0 1 2 Typ 0 0 0 2716 0 0 1 2732 0 1 0 2732 A 0 1 1 2764/27128 1 0 0 2764 A/27128 A 1 0 1 27256
	3	Dekoderfreigabe
	4	Betriebsspannungsfreigabe
	5	OE
	6	/PGI
	7	/CE

Programmiereinheit

Auf der Leiterkarte der Programmiereinheit sind folgende Funktionsgruppen implementiert:

- Typenselektierung
- Schaltlogik 1 bis 4
- Programmierspannungserzeugung
- Betriebsspannungsumschaltung 5/6 V.

Von der Programmiereinheit werden alle die Signale und Spannungen erzeugt, die benötigt werden, um EPROMs der in Tafel 1 genannten Typen zu programmieren, zu verifizieren und auszulesen. Dadurch, daß die Programmiereinheit auch eine Programmierspannung von 12,5 V zur Verfügung stellt, besteht die Möglichkeit, CMOS-EPROMs zu programmieren. Die Steuerung der Programmiereinheit wird durch ein entsprechend angepaßtes Softwarepaket des PC 1715 über die parallele Schnittstelle realisiert. Damit wird vermieden, daß durch evtl. Fehlschaltungen (z. B. mit DIL-Schaltern) eine Zerstörung der EPROMs stattfinden kann. Anhand der Typenselektierung (1-aus-8-Decoder 8205) wird die Schaltlogik 1 bis 4 aktiviert und dem ausgewählten EPROM-Typ der jeweilige Pegel des Programmiersignals geliefert. Weiterhin sorgen die Schaltlogiken für ein typengerechtes Signalspiel (Bild 2) während des Programmablaufs. Die genannten unterschiedlichen Programmierspannungen werden aus einer 25-V-Spannungsquelle gewonnen und je nach Programmiervorschrift und Selektierung zugeschaltet. Um die Programmierzeit zu verkürzen (besonders bei Typen über 4K) und außerdem einen dementsprechenden Programmieralgorithmus (INTEL) zu verwenden, sorgt eine schaltbare Spannungsquelle für zwei verschiedene Betriebsspannungen (5 bzw. 6 V) /1/.

EPROM-Steckeinheit

Außer der 28poligen Programmierfassung ist noch eine LED auf der EPROM-Steckeinheit implementiert. Über diese wird dem Nutzer der Zugriff des Programmiergerätes auf dem EPROM angezeigt. Um Zerstörungen der EPROMs vorzubeugen, ist anzuraten, einen EPROM-Wechsel beim Leuchten der LED zu unterlassen.

Software

Das Softwarepaket zum Betrieb des EPROM-Programmiergerätes besteht aus einzelnen TURBO-PASCAL-Prozeduren, welche über einen Bedienerdialog im Hauptprogramm aufgerufen werden. Mit dem Programmruf „EPROM“ wird das Programm aus SCP o. ä. gestartet und belegt den Speicherbereich von 100H bis C342H des PC 1715. Nach dem Start meldet sich das Programm mit dem in Bild 3 abgebildeten Hauptmenü. Aus diesem wird über Tastendruck ohne Quittierung durch ET in die Prozeduren verzweigt. Es ist dabei einerlei, ob Groß- oder Kleinbuchstaben verwendet werden.

Die Arbeit mit dem gesamten Programm ist unkompliziert. Durch die Dialogführung des Bedieners werden Bedienerfehler weitestgehend ausgeschlossen bzw. signalisiert. Im großen und ganzen untergliedert sich das Menü in drei Hauptgruppen. Im folgenden werden die Arbeitsmöglichkeiten kurz beschrieben.

EPROM-Bearbeitung

Der erste Arbeitsschritt bei der EPROM-Bearbeitung sollte die Typenauswahl sein, da sich alle anderen Routinen darauf beziehen. Vor der Programmierung oder dem Auslesen der EPROMs werden dem Bediener Anweisungen zum Wechseln des EPROMs gegeben. Bei der Programmierung wird der o. g. Algorithmus angewandt. Ist ein Speicherplatz ordnungsgemäß programmiert, wird das durch die Ausgabe der Speicherplatzadresse signalisiert. Besteht keine Möglichkeit, den EPROM auf dem selektierten Speicherplatz zu programmieren oder ist die Steckfassung leer, so wird eine entsprechende verbale Aussage mit Adreßangabe auf dem Bildschirm ausgegeben.

Pufferarbeit

Über das Programm zum Editieren des Puffers können Veränderungen bzw. Neueintragungen cursorgeführt vorgenommen werden. Dazu wird ein Ausschnitt des Puffers als Dump auf dem Bildschirm abgebildet. Weitere Routinen bieten die Möglichkeit, Pufferinhalte zu verschieben, den Puffer mit einem entsprechenden Kennbyte oder einem ASCII-Zeichen zu füllen.

Dateiarbeit

Der zur Programmierung der EPROMs eingerichtete Datenpuffer kann mit Daten aus .HEX-, .TXT- oder .COM-Dateien von der Diskette geladen bzw. es kann der Inhalt des Puffers auf Diskette ausgelagert werden. Beim Laden des Puffers werden die Blocknummern der geladenen Dateien angezeigt. Anhand weiterer Routinen können COM-Dateien cursorgeführt gestartet und das Diskettenverzeichnis angezeigt werden.

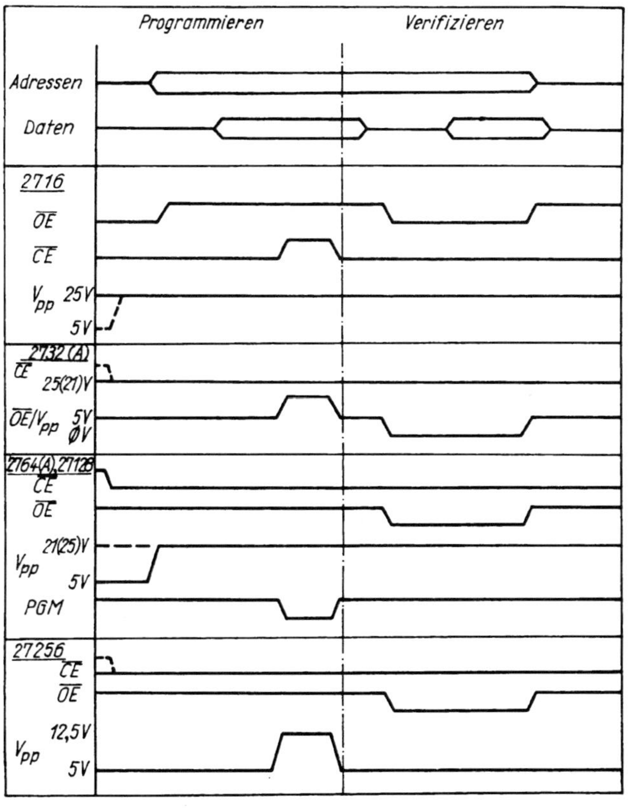

Bild 2 Signalspiel beim Programmieren und Verifizieren der EPROM-Typen 2716, 2732 (A), 2764 (A), 27128, 27256

```
EPROM-Type 2732 A wurde ausgewaehlt

   Dialog zur Bedienung des EPROM - Programmiergeraetes EPR01

   folgende Funktionen koennen ausgewaehlt werden :

                                     Taste                                 Taste

  Typenauswahl                         T    EPROM aus Puffer programmieren  P
  EPROM-Leerpruefung                   B    EPROM in Puffer laden           L


  Pufferdump                           D    Puffer mit Konst. fuellen       F
  Puffer editieren                     M    Pufferbereich verschieben       S

  Puffer in HEX-Datei schreiben        W    Puffer in COM-Datei schreiben   U
  Puffer aus HEX-Datei laden           R    Puffer aus COM-Datei laden      G

  Puffer in Textdatei schreiben        A    Directory anzeigen              H
  Puffer aus Textdatei laden           X    Ende                            E
  Start einer COM-Datei                I
                                            Bitte auswaehlen :
```

Bild 3 Bildschirmausgabe des Hauptmenüs

Literatur

/1/ Behnke, H.: EPROMs sind auch nur Speicher. c't 1985, Heft 2, S. 88–92

/2/ Kieser, H.; Meder, M.: Mikroprozessortechnik, 4. Aufl. Berlin: VEB Verlag Technik 1986

✉ KONTAKT ☏

VEB Erdöl-Erdgas Grimmen, Abt. Mikroelektronik, Stoltenhäger Chaussee, Grimmen, 2320; Tel. 4 30 (Anfragen zur Nachnutzung bitte an Abt. BfN, Kolln. Fitsch)

Ein Computerclub stellt sich vor

Computertagung in Frankfurt (Oder)

Im November vergangenen Jahres veranstaltete der Computerclub Frankfurt (Oder) die 4. Computertagung. Etwa 400 Teilnehmer tagten am 4. und 5. November in der Stadthalle von Frankfurt (Oder). Wegen der großen Resonanz und der Vielzahl an Themen fand die Veranstaltung erstmals an 2 Tagen statt. Organisiert vom Computerclub in Frankfurt (Oder), der im Bezirk die Funktion eines Leitclubs inne hat, stand die 4. Tagung unter Leitung des Schwedter Kreisclubs. Gemischt wie der Teilnehmerkreis war auch das Spektrum der Vorträge. Angesprochen wurden sowohl Amateure als auch Fachleute, die sich beruflich mit der Thematik beschäftigen.

1

Zum Vortragsprogramm gehörten u. a. Beiträge über Bauelemente, Eigenbaucomputer, -peripherie und die Programmiersprache FORTH ebenso wie Erfahrungen über Probleme der Clubarbeit. Zwei Konsultationspunkte – zu FORTH und zum KC 85/2(/3) – ordneten sich thematisch in das Vortragsprogramm ein. An den K-Punkten war eine Übersicht zu Hard- und Softwarelösungen erhältlich, die auch eine Literaturzusammenstellung zu FORTH enthielt. Leider war in der recht umfangreichen Übersicht kein Hinweis auf die Veröffentlichungen zu FORTH in MP 6/87 zu finden.
Der Computerclub Strausberg stellte gleich drei interessante Lösungen vor. Die 256-K-dRAM-Erweiterung für KC 85/2(/3) – ausführlich vorgestellt in MP 12/87, S. 373 –, ein EPROM-Programmiergerät für EPROM-Module des Herstellers und ein 32-K-EPROM-Modul sollen nachfolgend kurz beschrieben werden (Bild 1).
Das Modulkonzept des Herstellers, insbesondere bei ROM- und PROM-Modulen sieht vor, daß EPROMs perspektivisch auch auf der Leiterkarte des jeweiligen Moduls zu programmieren sind. Auf den vorhandenen Modulen sind deshalb alle erforderlichen Anschlüsse herausgeführt und Bestandteil des Bussystems der Rechner. Diese Tatsache wird bei der vorgestellten Lösung genutzt. Ausgehend von den Erfahrungen mit dem EPROM-Programmiergerät in /1/ wurde ein Gerät aufgebaut, das zwar nach dem gleichen Prinzip arbeitet, aber wesentlich geringer im Aufwand bei der Realisierung ist. Weitere Vorteile sind darin zu sehen, daß die EPROMs nicht gezogen und wieder gesteckt werden müssen, sondern im Modul verbleiben können, sofern sie gelöscht sind bzw. die Möglichkeit besteht, sie im Modul zu löschen, was der Hersteller durch die Fenster im M025 offensichtlich auch vorgesehen hat. Weiterhin wird keine teure und leider immer noch sehr schwer beschaffbare Schwenkhebelfassung benötigt. Die Realisierung erfolgte auf einem Adaptermodul, wo eine Lochrasterkarte mit der Schaltung (mit einem Schaltkreis DL123D) montiert wurde. Die Programmierspannungserzeugung erfolgt extern über ein Steckernetzteil. Der 32K-EPROM-Modul wurde auf Basis des Modules M006 (BASIC) realisiert. Von diesen 32K liegen jeweils 8K im Adreßraum des Prozessors. Das ist mit allen vier 8K-Bereichen möglich. Eine weitere Besonderheit des Moduls besteht darin, daß die vier beschriebenen Bereiche auf je zwei Basisadressen verfügbar sind, und zwar auf den Basisadressen 4000H und C000H, um spezielle Betriebssystemfunktionen wie „DISPLAY" nutzen zu können. Die Verwaltung des Moduls (Einschalten, Festlegen der Basisadresse, Auswählen des jeweiligen EPROM-Bereiches usw.) geschieht ausschließlich softwaremäßig, d. h., es sind weder DIL-Schalter noch Wickelstifte o. ä. zur Adreßdekodierung erforderlich. Zur praktischen Realisierung des Moduls sei noch erwähnt, daß die beiden ROM-Schaltkreise des Originalmoduls durch zwei Schaltkreise 27128 (EPROM 16K×8) zu ersetzen sind. Weitere zusätzliche Schaltkreise sind nicht erforderlich. Es wurden lediglich an der Beschaltung einiger Bauelemente Änderungen vorgenommen.
Ebenfalls im K-Punkt wurde ein Grafikprogramm von M. Feindt zum Erstellen und Bearbeiten von Konstruktionszeichnungen auf dem Bildschirm für KC 85/3 demonstriert (Bild 2).
Das Programm ist in Maschinencode geschrieben und benötigt zum Grundgerät KC 85/3 V.24- und 16-KRAM-Modul sowie Monitor und Drucker. Gezeichnet wird auf einer Fläche mit 255 × 255 Bildpunkten, wobei für die Nutzerführung auf der rechten Bildschirmseite ständig das Menü mit allen Funktionen und deren Erreichbarkeit eingeblendet ist. Der Cursorpunkt kann mit den Cursorsteuertasten in 8 Grundrichtungen und 10 einstellbaren Geschwindigkeitsstufen bewegt werden. 8 Befehlsgruppen sorgen für den Komfort des Programms. So gibt es Befehle für Stricharten und -stärken, neben der nichtunterbrochenen Linie sind Strich-Strich-Linien und Strich-Punkt-Linien möglich, Befehle zum Zeichnen ebener Figuren: Kreis, Quadrat, Rechtecke, Gerade mit beliebigem Anstieg und eine Fläche mit einem Durchmesser von 3 Punkten (z. B. für Lötaugen) sowie sogenannte Flächenbefehle. Mit ihnen können geschlossene Figuren ausgefüllt oder schraffiert werden. Im entsprechenden Modus stehen dem Benutzer in der 2. Ebene der Tastatur 26 Quasigrafikzeichen zur Verfügung. Angeboten werden spezielle Elektronik- und Maschinenbausymbole sowie allgemeine Symbole. Die erstellten Grafiken können auf dem Bildschirm verschoben werden, sie lassen sich

3

drehen und vergrößern bzw. verkleinern. Bildschirminhalte können auf Kassette oder Drucker ausgegeben sowie von Kassette eingelesen werden. Software und Hardware werden den Forderungen, die an ein „echtes" CAD-System bestehen, sicher nicht gerecht. Dennoch dürfte das ausgestellte Programm sehr gut für die Aus- und Weiterbildung auf diesem Gebiet geeignet sein.
Die NVA Frankfurt (Oder) stellte einen Trainer für die Fernschreibausbildung vor (Bild 3). Das BDT 87-1, es enthält CTC-Baustein, 3 PIO und diverse Koppelelektronik, ist direkt an einen KC 85/3 angeschlossen. Das Gerät ermöglicht die Kontrolle von maximal 24 Fernschreibmaschinen. Verschiedene Betriebsarten unterstützen den Lehrer bei der Ausbildung. So erlaubt die Betriebsart „Vorgabezwang", für die Lernenden eine bestimmte Anzahl von Anschlägen je Minute vorzugeben. Anhand einer Bildschirmgrafik lassen sich die an jedem Platz erreichten Ergebnisse darstellen. Bei der Betriebsart Leistungskontrolle wird der zu schreibende Text vorher in den Computer gespeichert, der nach der Leistungskontrolle durch zeichenweisen Vergleich die Auswertung und Zensierung vornimmt.
Starker Andrang herrschte am Stand, wo der Heimcomputer HCX – Basis MP U880 – vorgestellt wurde (Bild 4). Ein Kollektiv der TU Magdeburg hatte diesen Computer entwickelt. Das Besondere: er verfügt über ein Minimum an Hardware. Aufgrund des besseren Angebots an ROM-Bauelementen können mehr Funktionen über Software realisiert werden, dadurch sind Abstriche an der Hardware möglich. Das Zusammenspiel mit den Peripherieschaltkreisen wird mittels PIO, CTC und Buspuffer realisiert. Relativ beliebige Bildschirmformate lassen sich leicht nachbilden (grafisch oder nichtgrafisch), z. B. von allen KCs. Auch das BASIC-Betriebssystem der

2

4

KC ist leicht implementierbar. Als zweckmäßig hat sich ein ZX-Spectrum-kompatibles Betriebssystem erwiesen. Das Grundgerät ermöglicht flexible Bestückungsvarianten mit RAM- und ROM-Schaltkreisen. Der HCX läßt sich über zwei verschiedene Erweiterungssteckverbinder, davon einer K-1520-kompatibel, leicht erweitern. Die Möglichkeit einer Produktion des HCX in kleiner Stückzahl wird gegenwärtig geprüft. Weiterhin stellte der KDT-Computerclub Schwedt Entwicklungen seiner Mitglieder vor, so z. B. einen Eigenbauplotter.
Auch die Tagungspausen wurden zum intensiven Erfahrungsaustausch genutzt. Fachfragen wurden diskutiert, Adressen getauscht und Erfahrungen in der Klubarbeit weitervermittelt. Dabei kamen auch Probleme zur Sprache, so klagten Mitglieder und

30. ZMMM

Eindrücke

Vom 9. bis 20. November 1987 fand die nunmehr 30. Messe der Meister von morgen statt – eine Jubiläumsmesse, die den über 215000 Besuchern erstmals bot, was von vielen Jugendlichen bisher vermißt wurde: neben der Präsentation von über 2000 Exponaten auch viel Wissenswertes, in unterhaltsamer Form dargeboten. Dazu gehörte beispielsweise der Programmierwettbewerb der FDJ, zu dem die „Junge Welt" aufgerufen hatte und für den im Aktionszentrum Computertechnik die entsprechende Hardware zur Verfügung stand (Bild 1). Auch andere Veranstaltungen hatten die Computertechnik zum Thema: Im Forum 87 stellte sich zum Beispiel die Technische Universität Magdeburg mit verschiedenen CAD/CAM-Demonstrationen vor; der Direktor des Informatikzentrums des Hochschulwesens an der TU Dresden, Prof. Dr. rer. oec. Horst Tzschoppe, erläuterte im Fernsehaktionszentrum nicht nur Aufgaben und Vorhaben seiner Institution, sondern vermittelte unter anderem auch viel Interessantes zu Fragen der Softwareerstellung (Bild 2). Schade nur, daß gerade diese Veranstaltung durch ungenügende äußere Bedingungen nicht ihre volle Wirkung auf das Publikum erreichen konnte – ein Mangel, der bei der Vorbereitung künftiger Veranstaltungen ausgeschlossen werden sollte. Auch beim Angebot von Exponaten ließe sich noch einiges verbessern. Wenn man bedenkt, daß jede nachgenutzte Lösung Einsparung geistigen Potentials bedeutet, ist es nicht vertretbar, daß eine Messe – lt. Fremdwörterbuch Verkaufsveranstaltung – von vielen Ausstellern nicht besser genutzt wird, um über ihr Exponat zu informieren. Mit dem Verweis auf Interessentenlisten zum Anfordern von Informationsmaterial oder auf Kataloge, die von Fachministerien beziehbar sind, ist es nicht getan. Notwendig sind sofort verfügbare Informationsblätter, eine qualifizierte Standbetreuung und nicht zuletzt – seitens der Veranstalter – eine bessere Öffentlichkeitsarbeit. Denn eine Vielzahl von Fachzeitschriften – auch die MP – ist zwar bereit, die Nachnutzung mit geeigneten Veröffentlichungen zu fördern, wird aber nur ungenügend informiert. Es gibt also noch Reserven, um Mehrfachentwicklungen zu reduzieren – beispielsweise bei „rechnergestützten Arbeitsplätzen für ...", die auch auf dieser ZMMM wieder zahlreich angeboten wurden. Gerade im Bereich der Computertechnik ist es wichtig, die Nutzer viel umfassender und schneller über Vorhandenes zu informieren.

Exponate

Beginnen wollen wir unsere Exponate-Schau mit einem gelungenen Modell der Hochschule für industrielle Formgestaltung Halle Burg Giebichenstein. Das *„Geräteträgersystem mit integrierten Hauptfunktionsgruppen für den CAD/CAM-Arbeitsbereich"* (Bild 3) dürfte bei vielen Besuchern starkes Interesse, bei etlichen angesichts derzeitiger Arbeitsplatzgestaltung aber auch Wehmut hervorgerufen haben. Zu hoffen ist, daß solche sowie universell nutzbare Lösungen wegen der rasch wachsenden Zahl von Computeranwendern schneller praxiswirksam werden.

Ein Jugendforscherkollektiv entwikkelte für den neuen Robotron-PC, den EC 1834 (Bild 4), den *Farbgrafikadapter*. Er ist kompatibel zum IBM-XT-Standardgrafikadapter CGA, gegenüber diesem jedoch auf zwei Leiterkarten untergebracht. Als Controller wird der U82720 DC03 verwendet. Möglich ist die Darstellung von 16 Farben aus 4096 bzw. von 16 Graustufen auf dem Monochrombildschirm. Im Alphamodus sind 40 × 25 oder 80 × 25 Zeichen darstellbar, im Grafikmodus 320 × 200, 640 × 200, 640 × 400 oder 640 × 480 Punkte. Damit kann sowohl kommerzielle als auch CAD-Grafik realisiert werden. *(VEB Robotron-Buchungsmaschinenwerk Karl-Marx-Stadt, BfN, Annaberger Straße 93, Karl-Marx-Stadt, 9048)*)

Das **Intelligente Farbvollgrafikdisplay** ist eine Erweiterung für den PC 1715 zur Darstellung von Farbbildern auf einem handelsüblichen Fernsehbildschirm in 512 × 256 Pixeln, wobei jeder Pixel mit 16 aus 4096 Farben programmierbar ist (Bild 5). In einem Gehäuse befinden sich ein Slave-Rechner, die Grafik und das Netzteil. Der Masterrechner übergibt die Grafikbefehle über die V.24- oder eine nachrüstbare parallele 16-Bit-Schnittstelle an den Slave zur Ausführung. Dies können u. a. sein: interaktive Eingabe durch die Maus (im Bild vorn), Füllen von Flächen mit Farben oder Mustern, Ausgabe von ASCII-Zeichen in beliebiger Größe und kursiv, vom Anwender definierbare Makros. Neben der Grafikerweiterung wird zur Nachnutzung auch die Maus angeboten (Dokumentation). *(IHS Berlin, Prorektorat Naturwissenschaft und Technik, Marktstr. 9, Berlin, 1134)*

Mit dem **mobilen Datenerfassungsgerät** können bis zu 1024 numerische Daten mit 8 Stellen zeilenweise eingegeben und in einem RAM gespeichert werden (Bild 6). Der eingegebene Wert wird auf einer Flüssigkristallanzeige dargestellt und kann vor dem Abspeichern korrigiert werden. Ein zweites Display zeigt die aktuelle Speicherbelegung. Anschließend können die Daten über eine SIF-1000-Schnittstelle aus dem RAM direkt in einen Mikrorechner übertragen werden. *(VEB Datenverarbeitungszentrum Rostock, Erich-Schlesinger-Str. 37, Rostock, 2500)*

1

2

3

4

5

Fortsetzung von Seite 90

Leiter von Computerklubs über mangelnde gesellschaftliche Anerkennung ihrer Arbeit. Der gesellschaftliche Nutzen der Klubarbeit besonders auf dem Gebiet der Aus- und Weiterbildung wird von vielen leider noch nicht erkannt. Während die Tagung noch im Gange war, machten die Veranstalter sich bereits Gedanken um die Computertagung 1988. Die 5. soll ganz im Zeichen des KC 85/3-Systems stehen.

Man ist bemüht, diese Tagung in enger Zusammenarbeit mit dem Hersteller durchzuführen. Interessenten, die mit ihren Lösungen zum Gelingen der 5. Tagung beitragen möchten, melden sich bitte beim Computerclub Frankfurt (Oder).

Die Tagung war sehr gut organisiert und hat ihrem Anliegen, ein breites Spektrum an Themen für einen großen Kreis von Interessenten zu bieten, entsprochen.

Kritisch bleibt lediglich anzumerken, daß bei der nächsten derartigen Veranstaltung von Schülern nicht 160,– Mark Tagungsgebühren (für KDT-Mitglieder 60,– Mark) verlangt werden sollten.

I. P., A. B.

Literatur:

/1/ Völz, H.; Cieri, M.: Einfaches Programmiergerät für KC 85/2 und KC 85/3 Radio, Ferns., Elektron. 36 (1987) 10, S. 662

✉ KONTAKT ☏

Computerclub der KDT Frankfurt (Oder), Ebertusstr. 2, Frankfurt (Oder), 1200

Ein Jugendneuererkollektiv der Druckerei Neues Deutschland entwickelte einen BAS-Modul, um eine **Mehrfachbildschirmanzeige für PC** zu ermöglichen. Verwendet werden Fernsehgeräte, die über einen Videoeingang mit dem PC 1715 (oder

A 7100/A 7150) so gekoppelt werden, daß die Sichtbarkeit des vollen Monitorbildes auf den Fernsehbildschirmen gewährleistet ist. Dabei sind Leitungswege bis etwa 100 m ohne Einschränkung der Bildqualität möglich; erprobt wurde bisher der Anschluß von bis zu 20 Fernsehgeräten an einem PC. Zum Leistungsumfang gehört das Umrüsten des PC (Adaptereinbau, siehe Bild 7) und der Fernsehgeräte. (*Druckerei Neues Deutschland, BfN, Franz-Mehring-Platz 1, Berlin 1017*)

In dem **Prüf- und Reparaturplatz für Minifloppylaufwerke** (Bild 8) werden mittels Einchipmikrorechner sowohl die einzelnen Interfacesignale geschaltet als auch Komplexfunktionen realisiert, z. B.: Messung von Umdrehungszeit und evtl. vorhandener Taktfrequenz, Bereitstellung von Schreibdaten, Anzeige aller Steuer- und Statusleitungen, Positionieren des Kopfes in beliebiger Spur, Vorwahl und Prüfen einer Schrittzeit. An dem Arbeitsplatz lassen sich Laufwerke der Typen MFS 1.2 bis MFS 1.6 überprüfen und reparieren. Es ist eine Produktionsübernahme des Testers durch den VEB Robotron-Buchungsmaschinenwerk Karl-Marx-Stadt vorgesehen. (*NVA-Dienststelle, PFN 26212, Strausberg, 1260*)

Bis zu drei Leiterplatten gleichzeitig kann der **Leiterplatten-Bohrautomat LPBM 1.2** (Bild 9) bohren. Dabei bewegt sich der Tisch, von 3 Schrittmotoren getrieben, mit max. 40 mm/s in xy-Richtung. Kernstück der Steuerung ist die ZRE 42521 mit einem K-1520-Bus. (*VE Kombinat Präcitronic Dresden, Stammbetrieb, Fetscherstr. 72, Dresden, 8019*)

In einer Forschungs- und Entwicklungskooperation zwischen dem Informatikzentrum an der TU Dresden und dem VEB Robotron-Projekt Dresden wurde für den Arbeitsplatzcomputer A 7100 (unter dem Betriebssystem SCP 1700) das COBOL-Programmiersystem AC-COBOL geschaffen. Es bietet insbesondere eine gute Unterstützung der Dateiarbeit, wie sie zur Lösung vor allem kommerzieller Probleme und bei der Massendatenverarbeitung notwendig ist. AC-COBOL garantiert volle Sprachkompatibilität zu COBOL-1630; eine Portierung für den A 7150 wird zur Zeit entwickelt. (*Informatikzentrum des Hochschulwesens an der TU Dresden, Mommsenstr. 13, Dresden, 8027*)

Der auf zwei Leiterkarten untergebrachte **Schnittstellenkonverter** (Bild 10) beinhaltet eine Anpaßschaltung zur Übertragung von BCD-Meßwerten in einen Computer über eine V.24-Schnittstelle (ASCII-Code). Damit entfällt die zeitraubende und fehleranfällige manuelle Eingabe. Der Konverter ist insbesondere für den Anschluß von ABBE-Längenmeßgeräten geeignet. (*VEB Barkas-Werke Karl-Marx-Stadt, BfN, Karl-Winzer-Straße, Karl-Marx-Stadt, 9048*)

Zum Betreiben eines Fernschreibers anstelle eines Druckers am KC 85/1 bzw. KC 87 wurde ein **Fernschreibanschluß** entwickelt (Bild 11, vorn rechts), der mittels Hard- und Software die Synchronisation des Rechners mit dem Fernschreiber und die Umcodierung des ASCII- in den Fernschreibcode übernimmt. (*NVA, PF 15513/V, Neubrandenburg, 2040*)

Ein **Teleprinter** genanntes Zusatzgerät zum Anschluß eines Fernschreibers an den KC 85/2 bzw. /3 stellte die *Betriebsschule der Deutschen Post Magdeburg* vor. Auch hier kann ohne Eingriff in den KC der Fernschreiber als Drucker genutzt werden (Bild 12).

Mit dem in der BBS „Conrad Blenkle" hergestellten **Lichtstift** für KC 85/2 bzw. /3 können auf dem Bildschirm Bildpunkte gesetzt und gelöscht werden; d. h., es ist z. B. das „Zeichnen auf dem Bildschirm" möglich. Die Elektronik der Bildpunktadressierung befindet sich auf einer Leiterkarte (siehe Bild 13, vorn rechts auf dem KC-Basisgerät) und besteht ausschließlich aus DDR-Bauelementen. (*VEB Schiffselektronik „Johannes Warnke", PSF 85, Rostock, 2510*)

Als Gemeinschaftsarbeit verschiedener Einrichtungen entstand die Lösung der **Vernetzung eines Computerkabinetts** (Bild 14), mit der bereits bis zu 12 KC 85 verschiedener Versionen (da der Kassettenausgang genutzt wird) verbunden werden konnten. Über ein Bussystem sind alle Rechner gleichberechtigt angeschlossen, es lassen sich jedoch auch Master-Slave-Systeme aufbauen. (*Betriebsschule „Franz Günther" des VEB Werk für technisches Glas Ilmenau, Am Ehrenberg, Ilmenau, 6300*)

Der Mikrorechnerbausatz Z 1013 läßt sich nun aufrüsten, und zwar mit den **Erweiterungsbaugruppen** (Bild 15).

8

11

14

9

12

15

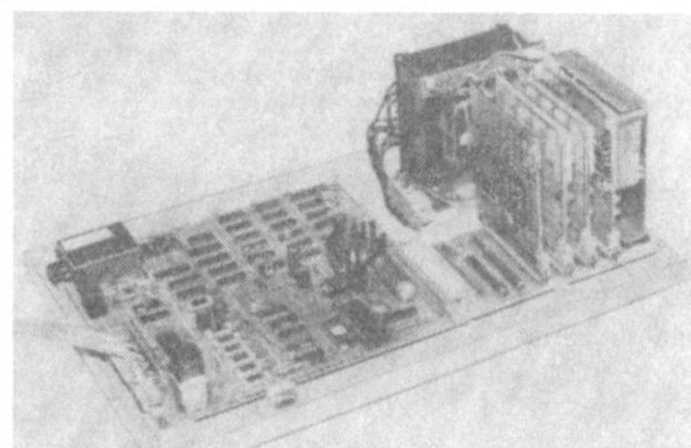

10

13

Auf dem waagerecht angeordneten Baugruppenträger können bis zu 4 Erweiterungskarten gesteckt werden (davon muß eine STE die Stromversorgungskarte sein; evtl. wird der Austausch des Netztrafos notwendig!). Als Erweiterung gibt es u. a. den ROM-Modul mit 4 Steckplätzen für EPROMs und einen E/A-Modul, u. a. mit V.24, aber auch der RAM-Modul des KC 87 ist z. B. nutzbar. (*VEB Robotron-Elektronik Riesa, Pausitzer Straße 60, Riesa, 8400*)

Text und Fotos: Weiß

RAM-Floppy-Treiber für A 5120/5130

Für das auf A 5120/5130 laufende Betriebssystem UDOS wurde ein RAM-Floppy-Treiber entwickelt. Damit steht dem Anwender ein effektives „Laufwerk" zur Verfügung, mit dem sich vor allem die Arbeitsgeschwindigkeit bei der Programmerstellung (EDIT, ASM, LINK) erheblich vergrößert. Die Organisation der RAM-Floppy und die Verwaltung (256 K) werden vollständig von ZDOS und dem Treiber übernommen. Am Betriebssystem erfolgten keinerlei Änderungen. Der RAM-Floppy-Treiber ist an das I/O-Request-Prinzip des UDOS-BS angepaßt und kann wie ein E/A-Gerät behandelt werden.
Die verwendete Speicherkarte wurde in Mikroprozessortechnik 3/87 beschrieben.
VEB RFT Nachrichtenelektronik Leipzig; Büro für Neuererwesen, Abt. TT3, Melscher Str. 7, Leipzig, 7027; Tel. 6832391 Dr. Schmidt

Programmentwicklung für U881/882 auf LC-80

Entwicklung und Test von Maschinenprogrammen für Einchip-Mikrorechner U881/882 sind an relativ teure Hardware gebunden. Als Alternative hierzu wurde deshalb ein Simulationsprogramm entwickelt, in welchem unter Beibehaltung des EMR-Adreßbereiches alle Befehle des EMR auf einem LC-80 abgearbeitet werden können. Notwendig ist lediglich eine Hardware-Erweiterung des LC-80 mit 2 EPROM 2716, versehen mit dem Simulationsprogramm, sowie 4 Stück RAM U214 auf den vorgesehenen Bestückungsplätzen.
Folgende Funktionen werden realisiert:
- Verwendung der Originaladressen des EMR (0000–07FF)
- Start des EMR-Programms an einer beliebigen Adresse
- Setzen beliebig vieler Haltepunkte im EMR-Programm
- Anzeige und Manipulierung beliebiger Registerinhalte an den Haltepunkten
- Einzelschrittbetrieb bei Anzeige dreier beliebiger Register
- langsamer (ca. 70 Befehle/s) Durchlaufbetrieb mit Tonausgabe je abgearbeitetem Befehl sowie Anzeige dreier Register
- schneller (ca. 400 Befehle/s) Durchlaufbetrieb ohne Anzeige
- Betriebsarten beliebig kombinierbar
- Zählung der abgearbeiteten Befehle zur überschläglichen Berechnung der Programmlaufzeit.

Folgende Einschränkungen sind vorhanden:
- Keine Ein- und Ausgaben externer Signale
- Portprogrammierung zwar möglich, aber ohne Wirkung
- kein Echtzeitbetrieb
- keine Interruptfähigkeit
- keine externe Programm- oder Datenspeicher-Erweiterung.

Das Simulationsprogramm ist somit für folgende Anwendungen geeignet:
- Intensives Kennenlernen des Befehlssatzes der EMR U881/882
- Entwicklung und Test von Programm-Moduln
- Entwicklung und Test komplexer Programme für EMR.

VEB Kaliwerk „Heinrich Rau", Roßleben, 4735; Tel. 205, App. 732 Denkes

K-1520-A/D-Wandler mit 16-Kanal-Multiplexereinheit

Der A/D-Wandler ist für den Einsatz in der mikrorechnergestützten Meßtechnik bzw. Prozeßdatenerfassung bestimmt; er ist komplett auf einer Leiterkarte in der Größe einer K-1520-Steckeinheit realisiert.
Der Wandler treibt einen vollständigen K-1520-Datenbus, belastet die Bussignale mit 1/6 TTL-Last (Low Power) und ist somit K-1520-buskompatibel.
Der Eingangsspannungsbereich des 16kanaligen Analogmultiplexers (Bestandteil der Baugruppe) beträgt ± 1 V. Somit ist die A/D-Wandlereinheit für die Erfassung kleiner Signalamplituden gut geeignet. Alle Eingänge sind vor Überspannungen geschützt.
Über Programmbefehle wird der Multiplexer frei wählbar geschaltet, durch die Kanalauswahl erfolgt gleichzeitig der Wandlerstart.
Die A/D-Wandlung wird mit dem Schaltkreis C 571 (AD 571) /C570 (AD 570) realisiert. Der Wandler setzt 11 (9) Bit einschließlich Vorzeichen um.
Die fertige Wandlung wird über einen Interrupt gemeldet. Die Umsetz- einschließlich Multiplexereinschwingzeit beträgt vom Start bis zum Interrupt bei Kanalwechselbetrieb 50 μs, bei Schnellstart ohne Kanalwechsel 30 μs. Die verwendete PIO-Schnittstelle ermöglicht die Nutzung sämtlicher Interruptmodi der U880-Technik.
Zum Nachnutzungsumfang der Lösung gehören die technische Dokumentation sowie eine unbestückte industriell gefertigte Leiterplatte.
Technische Hochschule Ilmenau, Sektion Technische und Biomedizinische Kybernetik, Wissenschaftsbereich Biomedizinische Technik und Bionik, PSF 327, Ilmenau, 6300; Tel. 740 Prof. Dr. Hennig

Grafikprogramme

Grafikzeichen für KC 85/2 und /3 selbstdefiniert

Zur vereinfachten Erstellung nutzerdefinierter Grafikzeichen für den KC 85/2 oder /3 wurde ein Programm entwickelt, das es ermöglicht, auf einfache Art und Weise direkt am Bildschirm die Zeichen zu generieren.
In die vergrößerte 8 × 8-Zeichenmatrix kann der Nutzer sein eigenes Zeichen eintragen. Das Programm ermittelt die Bytesequenzen für eine spätere programmtechnische Bereitstellung der Zeichen. Außerdem kann das kreierte Zeichen sofort dargestellt und genutzt werden.

Grafikprogramm für KC 85/2 und /3

Ein universelles Grafikprogramm in Unterprogrammtechnik ermöglicht die Darstellung von stetigen Funktionen mit beliebigem Wertebereich und die Darstellung diskreter Wertepaare als Quasifunktion oder Säulendiagramm.
Die Maßstäbe werden in Abhängigkeit vom Wertebereich und den dazugehörigen Argumenten automatisch gewählt. Konzipiert ist das Programm für die Einbindung der jeweiligen Module in ein beliebiges Hauptprogramm. Zu Demonstrationszwekken wurden beide Unterprogramme durch Eingabe- und Definitionsroutinen ergänzt. Damit ist das Programm auch in dieser Form lauffähig.
Hochschule für Ökonomie, Informatikzentrum der Sektion Außenwirtschaft, Herrmann-Duncker-Str. 8, Berlin, 1157 Iffarth

BASIC-Lernprogramme

Die Lernprogramme dienen einer ersten Einführung Ungeübter in die Programmiersprache BASIC, enthalten aber auch für Fortgeschrittene interessante Hinweise. Erläutert werden alle Befehle des KC 85/2 und /3, die im BASIC verfügbar sind. Außerdem wird auf das Betriebssystem CAOS näher eingegangen und das Speicherkonzept erläutert.
Der Anwender bekommt die Möglichkeit, parallel zu den Erklärungen auch üben zu können. Durch die Fenstertechnik bleiben dabei die Beispiele immer auf dem Bildschirm. Der Nutzer arbeitet in einem eigenen Fenster.
Hochschule für Ökonomie, Informatikzentrum der Sektion Außenwirtschaft, Herrmann-Duncker-Str. 8, Berlin, 1157 Iffarth

Dokumentation für C-Compiler

Dokumentationen in deutscher Sprache für den BDS-C-Compiler und ECO-C-Compiler unter CP/M-kompatiblen Betriebssystemen, vorzugsweise CPA mit 54 KByte TPA, einschließlich einer Übersicht zur jeweiligen Standortbibliothek werden zur Nachnutzung auf Diskette angeboten.
Gesucht werden Partner zum Erfahrungsaustausch zu Problemen des Microsoft-C-Compilers ab Version 4.0 unter MS-DOS.
VEB Kombinat Anlagen- und Gerätebau Halle, Direktionsbereich Forschung/Entwicklung, Abteilung Automatisierungstechnik, Straße der DSF 86a, Halle, 4014; Tel. 8330, App. 414 oder 419 (Koll. Hauk, Koll. Dr. Scharfe) Dr. Beese/Dr. Scharfe

Abrechnung des PWT und Neuererwesens

Das Programm in TURBO-PASCAL ist anwendbar bei allen BC/PC, die ein CP/M-kompatibles Betriebssystem besitzen. Eine Programmvariante für den AC 7100 wird zur Zeit erarbeitet. Es ist eine Diskette mit Software und eine zweite für die Daten vorgesehen.
Die ökonomischen Ergebnisse des PWT werden nach folgenden Kriterien abgerechnet:
- Planteile
- Urheberkostenstellen
- Wirkungsbereiche
- Charakteristiken (z. B. MMM, Nachnutzung, Mikroelektronik usw.)
- Materialarten (Menge und Wert)

Ausgewählte Schwerpunktmaterialien werden mengenmäßig auf Urheberkostenstellen aufgeschlüsselt. Es wird jeweils ein Soll/Ist-Vergleich durchgeführt und die prozentuale Erfüllung ausgewiesen.
Die Abrechnungszeiträume umfassen:
- Ist im Berichtszeitraum
- Ist für beliebigen Folgemonat
- Ist per Jahresende

und Überhang.
Als Darunterposition des PWT werden die Ergebnisse des Neuererwesens in gleicher Art und Weise abgerechnet und ausgewiesen, ohne daß eine Neueingabe erfolgt.
Des weiteren sind einige Serviceroutinen implementiert. Der gesamte Ablauf des Programmes wird mit Hilfe von Menüs gesteuert. Zum Programm gehört ein Installationsprogramm, mit dem es möglich ist, die genannten Abrechnungsarten inhaltlich und im Umfang zu ändern, ohne daß eine Neuübersetzung des Programms notwendig ist.
VEB Elektromaschinenbau Dresden, Elektromotorenwerk Dresden-Nord, Abt. TN, Großenhainer Str. 109, Dresden, 8023; Tel. 52511, App. 216 Dittrich/Weißfloh

Beliebige PC an SKR-Rechner gekoppelt

Mehrplatzsysteme des SKR und der zunehmende dezentrale Einsatz von 8- und 16-Bit-PC wie BCA 51xx, PC 1715, AC 71xx, PC 183x, AKTS sowie AT- und XT-kompatibler Geräte führen zur Forderung nach bequemem und zuverlässigem Datenaustausch zwischen all diesen Geräten.
Mit der nun auch für 16-Bit-PC (und AC) bereitstehenden Software TERMINAL wird dieses Problem unter Nutzung der Fähigkeit der SKR-Rechner zur simultanen Bedienung mehrerer Terminals über serielle Verbindungen (V24, IFSS) zuverlässig und komfortabel gelöst. Da es sich um Software unterhalb des Niveaus von Rechnernetzen handelt, entsteht auch kein Aufwand für Hardware.
Mit TERMINAL ist es möglich, alle gebräuchlichen 8- oder 16-Bit-PC als VT100-kompatible aktive Terminals nah- oder fernaufgestellt in Kopplung mit SKR-Anlagen oder entsprechenden 32-Bit-Mehrplatzsystemen zu betreiben. Zusätzlich ist Dateiaustausch ohne Einschränkungen des Datenformats in jeder Richtung möglich. Diese Funktion wird auch über eine Softwareschnittstelle bereitgestellt (Include-Prozedur).
TERMINAL läuft unter SCP, SCP 1700, DCP sowie unter den zu CP/M, CP/M-86 und MS-DOS kompatiblen Betriebssystemen.
VE Kombinat Baureparaturen und Rekonstruktion, ORZ, Markt 8, Leipzig, 7010; Tel. 209688, 298824 Dr. Siebach

Computer-Club

Entfernen von REM-Zeilen

Das Dokumentieren von Quelltext sollte für jeden Programmierer zur Selbstverständlichkeit gehören. Leider belegen Kommentarzeilen in einem BASIC-Programm teilweise mehr als die Hälfte des beanspruchten Speicherplatzes. In der Arbeitsversion des Programms sind diese Zeilen überflüssig. Das vorliegende Programm ist ein nützliches Werkzeug zum Löschen dieser Kommentarzeilen.

Da beim KC 85/3 der DELETE-Befehl zum Abbruch führt, wenn er innerhalb eines Programms angewendet wird, wurde die in /1/ veröffentlichte Idee genutzt, um eine weitere Programmerarbeitung zu erreichen.

Weiterhin muß die Nummer der zu löschenden Zeile hinter dem Token für DELETE im ASCII-Code in den Speicher geschrieben werden.

Das entsprechende Programm ist in Abb. 1 zu sehen. Das Programm wird mittels LOAD#1 geladen und fügt sich vor dem zu bearbeitenden Programm ein, welches erst mit Zeilennummer 20 beginnen darf. Es liest jeden Speicherplatz vom Programmanfang bis Programmende und vergleicht dessen Inhalt mit den Token für 'REM' bzw. '!'. Wird ein entsprechendes Byte gefunden, wird außerdem auf Zeilenanfang verglichen, um auszuschließen, daß das Byte Teil einer Adresse oder Zeilennummer ist. Danach wird die zugehörige Zeilennummer gelesen, in ASCII-Code umgewandelt und in den Speicher geschrieben. Nach dem Löschen der Zeile wird das Programm mit der GOTO-Anweisung erneut aktiviert. Die aktuelle Speicheradresse für den Vergleich steht dabei immer in Adresse 0AH. Jede gelöschte Zeile wird auf dem Bildschirm angezeigt.

Wurde das gesamte Programm durchsucht, werden die Programmzeilen des REM-"Killers" gelöscht. Damit liegt die Arbeitsversion des bearbeiteten Programms vor.

Kai Hauser

Hinweis der Redaktion:

Das Programm muß genau zeichenweise eingegeben werden, ohne dessen Länge z. B. durch Leerzeichen zu verändern. Außerdem darf die letzte Programmzeile im zu bearbeitenden Programm keine Kommentarzeile sein, das sonst das abgedruckte Programm kein Ende findet.

Literatur

/1/ Kirves, K.-D.: Arbeit mit BASIC-Datenfeldern beim KC 85/3. Mikroprozessortechnik 1 (1987) 3, S. 94

```
2 CLS:PRINT"REM-KILLER"
3 DOKE10,DEEK(863)
4 A¤="GOTO6"+CHR¤(13)+CHR¤(0)
5 FORX=1TO7:POKEX,ASC(MID¤(A¤,X,1)):NEXT
6 POKE504,PEEK(504)OR64:VPOKE14289,1 VPOKE14290,0
8 FORZ=0TO4:POKE1431+Z,48:NEXT
9 C=DEEK(10):BY=PEEK(C):C=C+1:IFC=DEEK(983)GOTO11
10 IF(BY=156ORBY=142)ANDPEEK(C-6)=0GOTO12:ELSEDOKE10,C:GOTO9
11 POKE504,PEEK(504)AND191:DELETE2,18
12 ZN=PEEK(C-2)*256+PEEK(C-3):C=C-2:DOKE10,C
13 Z¤=STR¤(ZN):L=LEN(Z¤):Z¤=RIGHT¤(Z¤,L-1):L=L-1
14 PRINT"ZN=";ZN,
15 FORG=LTO1STEP-1
16 Z=VAL(MID¤(Z¤,G,1)):POKE1435-L+G,Z+48:NEXT
18 DELETE00000
```

Programmieren der Funktionstasten am PC 1715 in BASIC

Der Personalcomputer PC 1715 ist mit einer relativ komfortablen Tastatur ausgestattet. Leider ist mit der vorhandenen Dienstleistungssoftware unter dem Betriebssystem SCP keine Möglichkeit geschaffen worden, eine schnelle Veränderung der Funktionstastenprogrammierung zu realisieren. Die Programmierung erfolgt in der Regel mit dem Hilfsprogramm INSTSCP, wobei es dem wenig erfahrenen Nutzer mit der hexadezimalen Verschlüsselung des Buchstaben- und Tastencodes schwer gemacht wird. Durch das BASIC-Programm wird der entsprechende Adreßraum von E0AA–E0EB (Dezimal 57514–57579) gelesen und auf einfache Form wieder neu beschrieben.

Zum besseren Verständnis des Programms ist jedoch der rechnerinterne Aufbau dieses Adreßraumes von Bedeutung. Die aktuellen Tastencode sind beispielsweise nach folgendem Schema abgespeichert:

Hex. Adresse	Dez. Adresse	Abgelegter Code (Hex)	Bedeutung
E0AA	57514	D1	Nummer der Taste F1 /1/
E0AB	57515	04	Anzahl der programmierten Code
E0AC	57516	52	ASCII-Code für R
E0AD	57517	55	ASCII-Code für U
E0AE	57518	4E	ASCII-Code für N
E0AF	57519	0D	ASCII-Code für <ET>
E0B0	57520	D4	Nummer der Taste F4
E0B1	57521	01	Anz. der progr. Zeichen
E0B2	57522	19	ASCII-Code für ctrl S
E0B3	57523	83	Nummer der Taste F10
...	...	..	....
E0EB	57579	FF	Endekennzeichen

(Die Anordnung läßt sich mit dem Programm POWER und dem Kommando DUMPX E0A0 E0EF überprüfen.)

Dabei spielt die Reihenfolge und die Anzahl der programmierten Tasten keine Rolle. Jedoch können insgesamt nur 66 Code abgespeichert werden. Für jede beliebige Tastencodierung gilt, daß pro Taste mindestens 3 Code belegt werden (siehe Adresse E0B0 bis E0B2). *Dagobert Mühlhaus*

Literatur

/1/ Manual robotron 1715, Pkt. 2.2.3.

```
10 DEFINT A,B,I,J,Z,Y,C:DIM A(70)
20 DATA 209,210,211,212,207,160,161,162,163,131,193,192,194,205,142
30 '     F1 ,F2 ,F3 ,F4 ,F5 ,F6 ,F7 ,F8 ,F9 ,F10,F11,F12,F13,F14,F15
40 PRINT CHR$(12)"     Funktionstastenprogrammierung"
50 PRINT"      "+STRING$(31,"=")
60 PRINT"   Lesen der Belegung aus dem Hauptspeicher --> 1"
70 PRINT"   Aendern der Belegung"TAB(45)"--> 2"
80 PRINT"   Anzeigen der Tastenbelegung"TAB(45)"--> 3"
90 PRINT"   Sichern der neuen Belegung im Hauptsp.   --> 4"
100 PRINT"   Laden von Diskette"TAB(45)"--> 5"
110 PRINT"   Sichern auf Diskette"TAB(45)"--> 6"
120 PRINT"   Ende"TAB(45)"--> 7":INPUT"Bitte waehle Sie :",CODE:I=1
130 PRINT CHR$(12):RESTORE:ON CODE GOSUB 150,240,180,360,390,430,490
140 INPUT"Weiter mit <ENTER>";XX:GOTO 40
150 '=============Lesen der Funktionstastenbelegeung (Hauptspeicher)
160 A(I)=PEEK(I+57513!):IF A(I)=255 THEN RETURN:ELSE I=I+1:GOTO 160
170 '=============Anzeige der Tastenbelegung (neu / alt)
180 IF A(I)=255 THEN RETURN
190 FOR J=1 TO 15:READ B:IF A(I)=B THEN 200:ELSE NEXT J:J=0
200 RESTORE:PRINT"    F"J" ===> ";:FOR I=I+2 TO I+1+A(I+1)
210 IF A(I)<32 THEN PRINT"^"CHR$(A(I)+64);:ELSE PRINT CHR$(A(I));
220 NEXT I:PRINT:GOTO 180
230 '=============Tastenprogrammierung
240 PRINT"Ende Tastenprogrammierung mit '/'
250 Z=3:Y=0: FOR I=1 TO 15:PRINT"  F"I"==>";:READ B:A(Z-2)=B
260 C$=INPUT$(1)
270 IF C$="/" THEN IF Y=0 THEN 330: ELSE A(Z-Y-1)=Y: GOTO 320
280 A(Z)=ASC(C$)
290 IF A(Z)<32 THEN PRINT"^"CHR$(A(Z)+64);:ELSE PRINT CHR$(A(Z));
300 Z=Z+1:Y=Y+1:IF Z>66 THEN PRINT"Speicher voll":GOTO 340
310 GOTO 260
320 Y=0:Z=Z+2
330 PRINT:NEXT I
340 A(Z-2-Y)=255:RETURN
350 '=============Sichern neue Belegung im Hauptspeicher
360 POKE 57513!+I,A(I):IF A(I)=255 THEN CLOSE:RETURN
370 IF A(I)=255 THEN RETURN:ELSE I=I+1:GOTO 360
380 '=============Holen Tastenbelgung von Datei *.FUT
390 GOSUB 470
400 GET#1:A(I)=VAL(CO$)
410 IF A(I)=255 THEN CLOSE#1:RETURN:ELSE I=I+1:GOTO 400
420 '=============Ablegen Tastenbelegung auf Datei *.FUT
430 GOSUB 470
440 LSET CO$=STR$(A(I)):PUT#1
450 IF A(I)=255 THEN CLOSE#1:RETURN:ELSE I=I+1:GOTO 440
460 '=============Dateieröffnung für *.FUT
470 INPUT"Dateiname (LW: und max. 8 Buchstaben) ";NA$
480 OPEN"R",#1,NA$+".FUT",4:FIELD#1,4 AS CO$:RETURN
490 END
```

Nochmals: MC-Code und BASIC

Neben den in MP 10/87 vorgestellten Möglichkeiten der Einbindung von MC-Code in BASIC-Programmen kann es praktisch sein, den Maschinenteil vor den BASIC-Beginn zu legen. Die BASIC-Programme lassen sich dann erweitern und editieren. Das komplette Programm wird ab 035FH oder noch besser ab 0300H mit ⁄SAVE gerettet. Die Endadresse steht in 03D7H/03D8H.

Das Verlegen des Programmspeichers erfolgt nach BASIC-Kaltstart und Rückkehr in das Betriebssystem. In 035FH/0360H wird mit MODIFY der Zeiger auf die erste BASIC-Zeile gestellt (Original: 0401H)

⁄REBASIC und >NEW sorgen für die notwendigen Einträge im Notizspeicher.

Ist das Programm fertig, kann es mit einer Selbststartadresse abgespeichert werden /1/. *Uwe Zierott*

Literatur

/1/ Zierott, U.: Erweiterte Zeilenbefehle für den KC-BASIC-Interpreter. Mikroprozessortechnik 1 (1987) 11, S. 333–334

Termine

2. zentraler Erfahrungsaustausch von Computerklubleitern

WER? Bezirksvorstand der KDT Potsdam

WANN? Mai 1988

WO? Potsdam

WAS? Erfahrungsaustausch zu folgenden Schwerpunkten:
- Stand und Entwicklung der technischen Basis
- didaktische Probleme
- Organisation der Klubarbeit
- Aufgaben und gesellschaftspolitische Rolle der Betreiber individueller Rechentechnik

WIE? Teilnahmemeldungen bitte an Bezirksvorstand Potsdam der Kammer der Technik, Weinbergstraße 20, PSF 27, Potsdam, 1561

Rand

Pixelvergrößerung für KC 85/2 (/3)

Das Unterprogramm wurde entwickelt, um Programme einem größeren Interessentenkreis mit einem Monitor vorführen zu können. Es wurden sowohl neue Programme mit diesem UP geschrieben als auch bereits vorhandene Programme mittels dieses UPs auf Großdarstellung umgerüstet (Änderung der Monitorgestaltung, aber keine Änderung des Rechenteils vorhandener Programme).

Folgende Varianten sind z. B. möglich:

– Wahlweise Klein- oder Großdarstellung je nach Vorführzweck des Programmes (über IF-THEN-Anweisungen realisierbar)

– Reine Großdarstellungen (Steuerstrings "SA" und "SL") der Druckbefehle

– Normallauf von Programmen und Großdarstellung der aktuell interessierenden Druckzeile zusätzlich an oberem oder unterem Monitorrand (Steuerstring "SA").

Sonderzeichen, die vom Anwender über CCTL-Adressierung definiert sind, werden vom UP ebenfalls vergrößert. Es ist auch möglich, Groß- und Kleindarstellungen nebeneinander (z. B. für Exponenten und Indizes) zu verwenden.

Großdarstellung von Strings, die länger als eine Druckzeile sind, ist über das Hauptprogramm zu organisieren. Um den Umgang mit dem UP zu erleichtern, wurden umfangreiche Regieanweisungen (ab 58000) und ein Testprogramm (ab 59000) dem eigentlichen UP (ab 60000) vorgeschaltet.

Beim erstmaligen Anspringen des UP wird der MC-Teil des UP geladen (60030–60330), deshalb dauert in diesem Fall die Vergrößerung eines Strings länger als bei den folgenden UP-Aufrufen.

Das UP wurde auf dem KC 85/2 (/3) mit BASIC-Interpreter-Version 2.13/1) getestet. Die vorliegende Variante des UP ist der Stand 9/87.

Dr. Gunter Bonitz

✉ KONTAKT ☏

Technische Universität Karl-Marx-Stadt, Sektion Vorkurse, Dr. G. Bonitz, Ernst-Schneller-Straße 128, Breitenbrunn, 9434

```
58ØØØ ! HINWEISE ZUM UP PIVE FUER KC2/3
58Ø1Ø ! ==============================
58Ø2Ø !
58Ø3Ø ! DAS UP GESTATTET,MIT DOPPELTER
58Ø4Ø ! PIXELGROESSE ALLE ZEICHEN UND
58Ø5Ø ! SONDERZEICHEN DARZUSTELLEN.
58Ø6Ø ! DAMIT IST DER MONITOR BIS IN CA
58Ø7Ø ! 15 METER ENTFERNUNG NOCH GUT
58Ø8Ø ! LESBAR, SO DASS ENTSPRECHENDE
58Ø9Ø ! PROGRAMME EINEM GROSSEN INTER-
581ØØ ! ESSENTENKREIS VORGEFUEHRT WER-
5811Ø ! DEN KOENNEN.
5812Ø ! DAS UP VERWENDET ZWEI MASCHI-
5813Ø ! NENPROGRAMME MP1 (2ØH-31H) UND
5814Ø ! MP2 (BD8ØH-BF6ØH),EINGELESEN
5815Ø ! IM UP VON 6ØØ3Ø BIS 6Ø34Ø.
5816Ø ! BASIC-RAM-SPEICHERBEDARF:
5817Ø ! UP AB 6ØØØØ:CA 2 KBYTE
5818Ø ! UP AB 6Ø35Ø:CA Ø.2 KBYTE
5819Ø !        (MP1/2 DIREKT EINGELESEN)
582ØØ !
5821Ø ! PARAMETERUEBERGABE AN DAS UP
5822Ø ! ----------------------------
5823Ø ! ZP$ :ZU VERGROESSERNDER TERM
5824Ø ! ZC$ :STEUERSTRING,SIEHE LISTE
5825Ø ! ZZ  :ZEILE DES DRUCKBEGINNS
5826Ø ! ZS  :SPALTE DES DRUCKBEGINNS
5827Ø !
5828Ø ! FUER DIE UEBERGABE SIND DIE
5829Ø ! SPEICHERPLAETZE BDØØH-BD7FH
583ØØ ! RESERVIERT.
5831Ø !
5832Ø ! STEUERSTRINGS SIND "PN","PL",
5833Ø !      "PA","IN","IL","SL","SA".
5834Ø ! P :VERGROESSERUNG NACH PRINT-
5835Ø !    BEFEHLEN AN DIESEM ORT
5836Ø ! I :VERGROESSERUNG NACH INPUT-
5837Ø !    BEFEHLEN AN DIESEM ORT
5838Ø ! S :VERGROESSERUNG VON STRINGS
5839Ø !    AN BELIEBIGEM ORT
584ØØ ! N :NORMALAUSGABE UND -EINGABE
5841Ø ! L :LOCATEAUSGABE UND -EINGABE
5842Ø ! A :AT-AUSGABE
5843Ø !
5844Ø ! ANGABE VON ZZ UND ZS IST ERFOR-
5845Ø ! DERLICH FUER FOLGENDE FAELLE:
5846Ø !
5847Ø ! ZC$: PN  PL  PA  IN  IL  SL  SA
5848Ø ! ZZ :                      *   *
5849Ø ! ZS :                  *   *   *
585ØØ !
5851Ø ! AUS- UND EINGABESTEUERZEICHEN
5852Ø ! WIE "SPC", "TAB", ",", ";"
5853Ø ! KOENNEN DURCH DAS UP NICHT BE-
5854Ø ! ARBEITET WERDEN.
5855Ø ! DURCH DAS UP WERDEN DIE LETZTE
5856Ø ! ZEILE UND SPALTE DES AKTUELLEN
5857Ø ! FENSTERS NICHT BEDRUCKT.
5858Ø !
5859Ø ! EIN TESTPROGRAMM AB 59ØØØ ZEIGT
586ØØ ! DIE WIRKUNGSWEISE DES UP.
5861Ø !
5862Ø ! VOR ANWENDUNG DES UP KOENNEN
5863Ø ! DIE ZEILEN 58ØØØ BIS 5999Ø
5864Ø ! GELOESCHT WERDEN.
5865Ø !
59ØØØ WINDOWØ,31,Ø,39:COLOR6,1:CLS:WINDOW2,29,3,35:COLOR1,6 :CLS
59Ø1Ø PRINT:INPUT"X=";X:ZC$="IN":ZP$="X="+STR$(X):GOSUB6ØØØØ
59Ø2Ø PRINTX:PAUSE(2Ø):ZP$=STR$(X):ZC$="PN":GOSUB6ØØØØ
59Ø3Ø WINDOW7,28,4,34:COLOR6,2:INPUT"Y$=";ZP$:ZC$="IN":GOSUB6ØØØØ
59Ø4Ø ZP$="Y$="+ZP$:PRINTAT(17,Ø);ZP$:ZC$="PA":GOSUB6ØØØØ
59Ø5Ø LOCATE15,2Ø:ZS=2Ø:INPUTX:ZC$="IL":ZP$=STR$(X):GOSUB6ØØØØ
59Ø6Ø LOCATE13,15:PRINT"PQ=";3:ZC$="PL":ZP$="PQ= 3 ":GOSUB6ØØØØ
59Ø7Ø PRINTPI:ZZ=29:ZS=1:ZC$="SA":ZP$=STR$(PI):GOSUB6ØØØØ
59Ø8Ø WINDOW5,25,1Ø,3Ø:ZP$="Aa"+CHR$(193)+CHR$(225):ZC$="SL":ZZ=4:ZS=3
59Ø9Ø GOSUB6ØØØØ
591ØØ ZC$="SA":ZP$=CHR$(141):ZZ=29:ZS=37:GOSUB6ØØØØ
5999Ø END
6ØØØØ IFVPEEK(15631)THENGOTO6Ø35Ø:ELSERESTORE6ØØ3Ø
6ØØ1Ø !UP PIXELVERGROESSERUNG KC2/3
6ØØ2Ø !AUTOR:G.BONITZ,TUK/BREITENBRUNN
6ØØ3Ø DATA245,219,136,2Ø3,215,211,136,2Ø5,135,189,219,136,2Ø3
6ØØ4Ø DATA151,211,136,241,2Ø1
6ØØ5Ø FORZK=32TO49:READZX:POKEZK,ZX:NEXT
6ØØ6Ø DATA127,127,8Ø,73,86,69,1,229,213,197,245,253,229,58,1,189,254,65
6ØØ7Ø DATA32,28,1,6,Ø,33,156,183,17,5,189,237,176,175,5Ø,156,183,5Ø
6ØØ8Ø DATA157,183,62,4Ø,5Ø,158,183,62,32,5Ø,159,183,58,Ø,189,71,62,8Ø
6ØØ9Ø DATA184,32,61,58,4,189,79,253,33,7,192,253,126,Ø,254,66,32,6
6Ø1ØØ DATA253,33,152,1,24,28,42,86,42,17,82,Ø,175,186,237,82,58,1
6Ø11Ø DATA189,254,65,4Ø,4,17,12,Ø,25,34,94,189,253,42,94,189,253,126
6Ø12Ø DATAØ,6Ø,145,111,253,126,1,1Ø3,24,29,62,73,184,32,16,58,161,183
6Ø13Ø DATA61,1Ø3,58,1,189,254,76,4Ø,8,175,111,24,8,58,3,189,1Ø3,58
6Ø14Ø DATA2,189,111,34,16Ø,183,1,16,189,237,67,13,189,235,2Ø,2Ø,28,28,2Ø5
6Ø15Ø DATA3,24Ø,51,218,54,191,237,75,13,189,1Ø,79,214,32,95,22,Ø,2Ø3
6Ø16Ø DATA35,2Ø3,18,2Ø3,35,2Ø3,18,2Ø3,35,2Ø3,18,121,254,96,48,6,42,166
6Ø17Ø DATA183,25,24,47,254,128,48,7,42,168,183,25,37,24,36,254,16Ø,48
6Ø18Ø DATA9,42,172,183,25,37,37,37,24,23,254,224,48,1Ø,42,17Ø,183,25
6Ø19Ø DATA37,37,37,37,24,9,42,172,183,25,37,37,37,37,37,34,11,189
6Ø2ØØ DATA253,42,11,189,253,229,253,33,96,189,14,Ø,253,227,253,126,Ø,253
6Ø21Ø DATA227,6,8,17,3,Ø,33,Ø,Ø,2Ø3,71,4Ø,1,25,2Ø3,35,2Ø3,18
6Ø22Ø DATA2Ø3,35,2Ø3,18,2Ø3,63,16,239,253,116,Ø,253,116,1,253,117,8,253
6Ø23Ø DATA117,9,62,3,161,254,3,4Ø,13,12,253,227,253,35,253,227,253,35
6Ø24Ø DATA253,35,24,192,62,252,161,198,4,254,8,4Ø,14,79,253,227,253,35
6Ø25Ø DATA253,227,17,1Ø,Ø,253,25,24,169,42,166,183,253,225,229,33,Ø,188
6Ø26Ø DATA34,166,183,62,76,2Ø5,3,24Ø,Ø,58,161,183,6Ø,5Ø,161,183,62,79
6Ø27Ø DATA2Ø5,3,24Ø,Ø,58,16Ø,183,61,61,5Ø,16Ø,183,62,78,2Ø5,3,24Ø,Ø
6Ø28Ø DATA58,161,183,61,5Ø,161,183,62,77,2Ø5,3,24Ø,Ø,225,34,166,183,58
6Ø29Ø DATA4,189,61,254,Ø,4Ø,16,5Ø,4,189,42,13,189,35,34,13,189,42
6Ø3ØØ DATA16Ø,183,195,29,19Ø,58,161,183,6Ø,6Ø,5Ø,161,183,175,5Ø,16Ø,183
6Ø31Ø DATA58,1,189,254,65,32,11,1,6,Ø,33,5
6Ø32Ø DATA189,17,156,183,237,176,253,225,241,193,2Ø9,225,2Ø1,2Ø,6,71,66,114,21
6Ø33Ø FORZK=15744TO16224:READZX:VPOKEZK,ZX:NEXT
6Ø34Ø VPOKE15631,1
6Ø35Ø VPOKE15616,ASC(LEFT$(ZC$,1)):VPOKE15617,ASC(RIGHT$(ZC$,1))
6Ø36Ø VPOKE15619,ZZ:VPOKE15618,ZS:ZN=LEN(ZP$):VPOKE1562Ø,ZN
6Ø37Ø FORZK=1TOZN:VPOKE15631+ZK,ASC(MID$(ZP$,ZK)):NEXT
6Ø38Ø CALL * 2Ø
6Ø39Ø RETURN
```

Ausdrucken von Bildschirminhalten beim PC 1715 unter SCP

Wird auf dem Personalcomputer PC 1715 in der Programmiersprache BASIC Software erstellt, ist es oft erforderlich, bestimmte Rechenergebnisse o. ä., die auf dem Bildschirm dargestellt werden, mit Hilfe des Druckers auszugeben.

Das erfordert aber doppelten Programmieraufwand, da die Befehle jeder PRINT-Anweisung noch einmal hinter einer LPRINT-Anweisung erscheinen müssen. Mit folgendem kleinen Unterprogramm, das sich durch die GOSUB-Anweisung an beliebiger Stelle im Programm einbauen läßt, fallen alle doppelten LPRINT-Anweisungen weg.

```
10 'HARDCOPY PC 1715
20 '############
30 'Ausdrucken Bildschirminhalt
40 WIDTH LPRINT 81
50 FOR I = 63488! TO 65423!
60    LPRINT CHR$(PEEK(I));
70 NEXT I:RETURN
```

Erläuterung des Programms

Der entsprechende Teil des Bildwiederholspeichers ist auf den Adressen F800H bis FF8FH abgelegt. Das entspricht dezimal den Adressen 63488 bis 65423. Er ist fortlaufend aufgebaut. Die Adresse 63488 entspricht der ersten Zeile und der ersten Spalte. Eine spezielle Buchstabenposition auf dem Bildschirm läßt sich ermitteln mit der Berechnung von:

POSITION = 63488 + 80 ∗ (Zeile – 1) + Spalte

Durch die Anweisung in Zeile 40 fällt eine zusätzliche Zählschleife für die schon gedruckten Zeichen pro Zeile weg.

Besondere Effekte auf dem Bildschirm kann man durch direktes Beschreiben des Bildwiederholspeichers möglich machen. Das kann man problemlos mit der POKE-Anweisung in der Form: POKE POSITION,BYTE realisieren, wobei das gewählte Byte ab der gesetzten Position bis Bildschirmende gilt. In folgendem Beispiel seien einmal ein paar Code ausgewählt.

```
10 PRINT CHR$(12)
20 FOR I = 0 TO 6:READ CODE
30 PRINT
   "ABCDEFabcdef12345∗+⟨⟩"
40 POKE
   63488+I∗80,CODE:NEXT I
50 DATA
   133,135,160,130,131,144,145
```

Es wurde jeweils die erste Spalte mit einem Byte belegt.

Wirkungen der Code der DATA-Anweisung:

- 133 sehr heller Hintergrund, keine Schrift
- 135 sehr heller Hintergrund, dunkle blinkende Schrift
- 160 Durchgehende Linie, dunkler Hintergrund
- 130 Dunkler Hintergrund, helle blinkende Schrift
- 131 Dunkler Hintergrund, sehr helle blinkende Schrift
- 144 Heller Hintergrund, dunkle Schrift
- 145 Sehr heller Hintergrund, dunkle Schrift

Dagobert Mühlhaus

Grundlagen und Anwendungen der CAD/CAM-Technologie – eine Fachbibliographie

von einem Autorenkollektiv, Heft 17 der Schriftenreihe der Betriebssektion der KDT und der Zentralen Informationsstelle Wissenschaft und Technik des VEB GRW „Wilhelm Pieck" Teltow, 1987, 70 S., 8,– M

Die rechnergestützte Konstruktion/Projektierung und Fertigung gewinnt zunehmend entscheidende Bedeutung bei der Nutzung solcher Schlüsseltechnologien wie Mikroelektronik, Sensortechnik, Mikrorechentechnik, flexible automatisierte Fertigungssysteme, Optoelektronik, Lasertechnik und Anwendung neuer Werkstoffe.
Entsprechend dieser Grundrichtung der wissenschaftlich-technischen Entwicklung sind dieser Fachbibliographie die neuesten Veröffentlichungen auf dem Gebiet der rechnergestützten Schlüsseltechnologien von CAD/CAM, CAE, CAQ bis hin zu CIM und vor allem der Entwicklung und Anwendung dieser rechnergestützten Technologien in den vielfältigsten industriellen Einsatzgebieten der Volkswirtschaft zugrunde gelegt. Zu diesen Einsatzgebieten zählen insbesondere die chemische Industrie, Energietechnik, Maschinenbau, Bauwesen, Elektrotechnik/Elektronik und die Automatisierungstechnik. Die Fachbibliographie enthält vorwiegend CAD/CAM-Anwendungsfälle, um den Entwicklern, Konstrukteuren und Technologen sowie den Kadern aller Leitungsebenen der Industrie sowie den in der Weiterbildung Tätigen Impulse für den Einsatz der CAD/CAM-Technologie zu vermitteln. Die Literaturhinweise beziehen sich in erster Linie auf die Fachliteratur des deutschsprachigen Raumes. Die Fachbibliographie wird vervollständigt durch ein Sachwortverzeichnis, das auf die Ordnungsnummer des jeweiligen Literaturnachweises hinweist.
Mit dieser Publikation wird eine Lücke im derzeitig verfügbaren Fachliteraturangebot geschlossen.
Die Broschüre, die 490 Literaturnachweise enthält, die in begründeten Fällen mit Kurzreferat versehen sind, kann über die Zentrale Informationsstelle Wissenschaft und Technik bzw. über die Betriebssektion der Kammer der Technik des VEB GRW „Wilhelm Pieck" Teltow zum Preis von 8,– M bezogen werden. *Lothar Blackert*

Digitalgrafik

von Fritz Bulla, Akademie Verlag Berlin 1987, 213 S., 45,– M

Mit dem verstärkten Einsatz digitaler Rechentechnik in allen Bereichen der Gesellschaft verändern sich die Inhalte einer Vielzahl von Aufgabengebieten grundlegend. Diese Veränderungen dokumentieren sich nicht allein darin, daß diese Aufgaben den Zusatz „rechnergestützt" erhalten.
Die Mehrzahl dieser wissenschaftlichen und technischen Problemstellungen sind mit der Eingabe, Abbildung, Speicherung, Darstellung und Manipulation grafischer Informationen in geeigneter Form, z. B. als geometrisches Modell, verbunden. Diesem komplexen Aufgabengebiet, der Digitalgrafik bzw. grafischen Datenverarbeitung, widmet sich der Autor. Er stützt sich dabei auf Erfahrungen mit dem Gerätesystem GD 71 – KRS 4201 – ESER-Anlage. Den Nutzern dieser Konfiguration und Anwendern, die sich in die Problematik der Digitalgrafik einarbeiten, ist das vorliegende Buch sehr zu empfehlen.
In den ersten beiden Kapiteln werden in kurzer und übersichtlicher Form Grundlagen zu geometrischen Modellen und formalisierten Beschreibungen geometrischer Strukturen behandelt.
Die Beschreibung allgemeiner Funktionsprinzipien grafischer Ein- und Ausgabegeräte, wie z. B. Digitalisiergeräte, Plotter und Displays, folgt in Kapitel 3. Die betrachteten Beispiele beschreiben periphere Geräte des AKT 6454 oder von ESER-Anlagen. Der internationale Stand und die Entwicklungstendenzen werden analysiert.
Die Programmierung und Basissoftware des Zeichenautomaten DIGIGRAF werden in Kapitel 4 behandelt.
Den breitesten Raum nimmt Kapitel 5 mit der Programmierung von Bildschirmgeräten ein. Nachdem das Prinzip des Aufbaus von Bilddateien allgemein eingeführt wurde, wird eine konkrete Struktur am Beispiel einer Bilddatei des Gerätesystems GD 71/KRS 4201 dargestellt. Daran anschließend folgt die FORTRAN-Programmierung zur passiven und interaktiven Nutzung von Bildschirmgeräten.
In Kapitel 6 werden die Arbeit am grafischen Terminal der Konfiguration GD 71 – KRS 4201 – ESER-Anlage und das zugehörige Programmsystem GIS/TEBAM behandelt.
Wichtig für Anwender und Programmierer von Grafiksoftware ist die in Kapitel 7 beschriebene Standardisierung der grafischen Schnittstelle. Es werden die FORTRAN-Funktionen des international standardisierten grafischen Kernsystems (GKS) beschrieben.
In den letzten drei Kapiteln beschäftigt sich der Autor mit der Ein- und Ausgabe geometrischer Informationen ohne größeren Programmieraufwand, speziellen Problemen der rechnerinternen Darstellung, Manipulationen geometrischer Objekte sowie der Anwendung der Digitalgrafik in CAD/CAM- und CAE-Systemen. Dabei werden Möglichkeiten für einen sinnvollen Einsatz der Digitalgrafik aufgezeigt. *Dr. Rainer Gebhardt*

PASCAL – Programmiertechnik für Fortgeschrittene

von P. A. Sand, McGraw-Hill Book Company GmbH Hamburg 1986, 588 Seiten

Üblicherweise verspüren Programmierer nach einer gewissen Zeit der Verwendung von PASCAL ein immer stärker werdendes Bedürfnis, das Basisanwendungsgebiet zu verlassen und Routinen zu schreiben, die anscheinend in den Bereich der Systemprogrammierung gehören oder aber als mit PASCAL nicht besonders günstig realisierbar angesehen werden. Das Buch von P. A. Sand erweist sich für derartige Fälle als eine wahre Fundgrube, und es muß anerkennend herausgestellt werden, daß die meisten Kapitel selbst für sehr erfahrene Programmierer erheblichen Erkenntniszuwachs ermöglichen.
Im einzelnen wird der Leser zuerst mit interessanten Bildschirm- und Interaktionstechniken bekannt gemacht, die für moderne Anwenderprogramme unmittelbar nutzbar sind. Weitere Schwerpunkte sind Verfahren für leistungsfähige Handhabungen von Textdateien, das Programmieren von Spielen und Simulationen (z. B. komplizierte Bewegungsabläufe auf dem Bildschirm) sowie die Darstellung von Methoden zur Erarbeitung von Programmpaketen der Klasse SuperCalc, Multiplan, ...
Zu allen Teilthemen gibt der Autor viele sehr gut aufeinander abgestimmte Programm-Module an, so daß die vorgestellten Methoden grundsätzlich am eigenen Computer geprüft bzw. eingesetzt werden können. Probleme entstehen allerdings durch die Verwendung einer Apple-PASCAL-Version, die nicht in vollem Umfang zu portablen Programmen führt. Um dieser Situation weitgehend zu begegnen, ist ein umfangreiches Kapitel aufgenommen worden, das sich mit der Portierung der Beispielprogramme auf IBM-kompatible PC unter TURBO-PASCAL beschäftigt. *Prof. Dr. Jürgen Zaremba*

FORTH-Anwendungsberichte

Die Broschüre „Applikation von FORTH" mit einem Umfang von 96 Seiten von der Sektion Technische Elektronik der WPU Rostock gibt eine gedrängte Übersicht zu einigen professionellen FORTH-Einsatzfällen und Aspekten der Systemimplementierung. Enthalten sind die Beiträge:
Woitzel/Neuthe: Basissystem comFORTH
Neuthe: Das comFORTH Stingpaket
Dünow: Grafikanwendungen in comFORTH
Drewelow: Identifikationsalgorithmen in FORTH
Pfüller: FORTH-Software für Seegang-Meßeinrichtung
Korpal: Prozeßsteuerung Brauerei
Darmüntzel: Rechnergestützte Stundenplanerstellung.
Die Broschüre (Preis etwa 10 Mark) kann bestellt werden bei: Wilhelm-Pieck-Universität Rostock, Abt. Wissenschaftspublizistik, Vogelsang 13/14, Rostock, 2500.

Software-Qualitätssicherung Aufgaben – Möglichkeiten – Lösungen

von einem Autorenkollektiv, Beuth Verlag GmbH Berlin (West) 1986. 184 S., Lit.- u. Sachwortverzeichnis

Mit dieser Veröffentlichung werden gut strukturierte Informationen zu wesentlichen Schwerpunkten des o. g. Themas vermittelt. Hauptaussagen werden getroffen zu Prinzipien der Software-Qualitätssicherung; Qualitätsmerkmale der Software; Maßnahmen, Hilfsmittel und Werkzeuge sowie Ablauf- und Aufbau-Organisation; Wirtschaftlichkeit und rechtliche Aspekte der Software-Qualitätssicherung. Dabei wird sehr deutlich, daß die Autoren sich nicht auf standardisierte Software-Merkmale stützen können. Zum Beispiel sind die fixierten Qualitätsmerkmale von Software in keiner Weise identisch mit dem einschlägigen Fachbereichsstandard (Entwurf) der DDR. Es wird auch durch die Autoren eingeräumt, daß die Zusammenhänge zwischen den einzelnen Merkmalen und die daraus abzuleitenden qualitätsorientierten Entwicklungsmaßnahmen als noch nicht vollständig geklärt angesehen werden müssen. Unbeschadet davon werden Anregungen zur Organisation der Software-Qualitätssicherung unterbreitet und eine Anzahl von Beispielen geboten, die deutlich machen, daß Software-Qualitätssicherung um so wirtschaftlicher ist, je früher sie im Entwicklungsprozeß sowohl für die konstruktiven als auch für die fehlerentdeckenden Maßnahmen praktiziert werden. *Prof. Dr. Wolfgang Schoppan*

TURBO-PASCAL

von G. Renner, Vogel-Verlag Würzburg, 2. Auflage 1986, 306 S.

TURBO-PASCAL enthält neben allen Sprachelementen von Standard-PASCAL Leistungsmerkmale, die von einem anderen Compiler bisher nicht erreicht wurden. Diese und viele andere gute Gründe führten sicherlich dazu, daß TURBO-PASCAL der PASCAL-Dialekt für Mikrocomputer schlechthin geworden ist. Das vorliegende Buch wendet sich vor allem an Anfänger und Umsteiger, die sich für eine Programmiersprache entscheiden möchten. Didaktisch gut gegliedert, wird, angefangen von der Programmierumgebung bis hin zu den Sprachelementen von TURBO-PASCAL, dem Leser eine vollständige Einführung in diese Sprache gegeben.
Zahlreiche Beispiele unterstützen dabei das theoretisch Beschriebene. Ein Fragenkomplex am Ende eines jeden Kapitels ermöglicht dem Leser eine Selbstkontrolle, inwieweit er die in dem jeweiligen Abschnitt vermittelten Kenntnisse verstanden hat.
Ein extra Kapitel ist all jenen gewidmet, die einen IBM- bzw. IBM-kompatiblen PC benutzen und die Möglichkeiten der Grafik- oder Window-Technik auch unter TURBO-PASCAL ausnutzen möchten. Auf die Besonderheiten der TURBO-PASCAL-Version, die den Arithmetik-Prozessor 8087 unterstützt sowie die für den kaufmännischen Bereich interessante Version mit BCD-Arithmetik wird ebenso eingegangen, wie auf die von der Borland Company angebotenen Softwaretools, z. B. das Turbo Access System und das Turbo Sor System, die im Source-Code ! geliefert werden und dem Anwender erlauben, z. B. leistungsfähige Datenbankprogramme zu schreiben. *Gerhard Behnke*

Anweisung	Bemerkungen	KC 85/3	KC 87	SCP-BA
ABS(X)	berechnet absoluten Betrag	Y=ABS(X)	Y=ABS(X)	Y=ABS
AND	logische UND-Funktion	Z=X AND Y	Z=X AND Y	Z=X AN
ASC (X$)	ASCII-Code des ersten Zeichens	Y=ASC(X$)	Y=ASC(X$)	Y=ASC
AT	positioniert PRINT-Anweisung auf Zeile, Spalte	AT(Z, S)	AT(Z,S)	–
ATN(X)	Arcustangensberechnung im Bogenmaß	Y=ATN(X)	Y=ATN(X)	Y=ATN
AUTO	automat. Zeilennumerierung	AUTO[a][,s]	AUTO[a][,s]	AUTO[a
BEEP	gibt akustisches Signal	BEEP N	BEEP N	–
BLOAD	lädt Maschinenprogramm	BLOAD	–	–
BORDER	Bildschirmrandfarbe	–	BORDER N	–
BYE	Rückkehr zum Betriebssystem	BYE	BYE	⟨SYST
CALL	Aufruf Maschinenprogramm Adresse dezimal	CALL adr	CALL adr	CALL a [parame
CALL*	Aufruf Maschinenprogramm Adresse hexadezimal	CALL*adr	CALL*adr	–
CDBL	wandelt einfach genaue Zahl in doppelt genaue Zahl	–	–	Y=CDB
CHAIN	Nachladen von Programmsegmenten	–	–	CHAIN [MERG "NAME [Zeilen]
CHR$	liefert Zeichen mit Code von X	A$=CHR$(X)	A$=CHR$(X)	A$=CH
CINT	erzeugt Integer-Variable	–	–	Y=CIN
CIRCLE	zeichnet Kreis um X, Y mit Radius R in Farbe F	CIRCLE X, Y, R, [F]*)	–	–
CLEAR	löscht Variablenspeicher	CLEAR[Z][,E]	CLEAR [Z][,E]	CLEAR[
CLOAD	lädt Programm von Kassette	CLOAD "NAME"	CLOAD "NAME"	–
CLOAD*	lädt Datenfeld von Kassette	CLOAD* "NAME"; FELDVar.	CLOAD* "NAME"; FELDVar.	– –
CLOSE	schliesst Datei	CLOSE#n*)	–	CLOSE[Numme
CLS	löscht Bildschirm	CLS	CLS	–
COLOR	stellt Farbe ein (auch als PRINT-Erweiterung)	COLOR V[,H]	–	–
COMMON	Übergabe von Informationen zwischen Programmsegmenten	–	–	COMMC Var…
CONT	setzt Programm fort	CONT	CONT	CONT
CSAVE	speichert Programm auf Kassette	CSAVE "NAME"	CSAVE "NAME"	–
COS(X)	berechnet die Cosinusfunktion	Y=COS(X)	Y=COS(X)	Y=COS
CSAVE*	speichert Daten auf Kassette	CSAVE* "NAME"; FELDVar.	CSAVE "NAME"; FELDVar.	(PRINT
CSGN	wandelt doppelt genaue Zahl in einfach genaue Zahl	–	–	Y=CSG
CSRLIN	ermittelt Zeilennummer des Cursors	A=CSRLIN(N) *)	–	–
CVD	erzeugt doppelt genaue Zahl aus Zeichenkette	–	–	Y$=CVI
CVI	erzeugt Integerzahl aus Zeichenkette	–	–	Y$=CVI
CVS	erzeugt einfach genaue Zahl aus Zeichenkette	–	–	Y$=CV
DATA	vereinbart Konstantenliste	DATA C1[,C2…]	DATA C1[,C2…]	DATA C1[,C2…
DEEK	liest zwei Speicherplätze	X=DEEK(N)	X=DEEK(N)	–

Anweisung	Bemerkungen	KC 85/3	KC 87	SCP-BASIC
	definiert eine Funktion	DEF FNY(P) =Aus.	DEF FNY(P) =Aus.	DEF FN(P [,Pn ...])=Aus.
	vereinbart doppelt genaue Var.	–	–	DEFDBL Var [,Var ...]
	vereinbart Integervariable	–	–	DEFINT Var [,Var ...]
	vereinbart einfach genaue Var.	–	–	DEFSGN Var [,Var ...]
	vereinbart Stringvariable	–	–	DEFSTR Var [,Var ...]
	trägt Startadresse für USER-Funktion ein	–	–	DEFUSRN= Adresse
	löscht Zeilen	DELETE A,E	DELETE A,E	DELETE A,E
	legt Grösse eines Variablenfeldes fest	DIM FELD-NAME (I[,J ...]	DIM FELD-NAME (I[,J ...]	DIM FELD-NAME (I[,J ...])
	beschreibt zwei Speicherzellen	DOKE A, D	DOKE A,D	–
	ruft Zeileneditor auf	EDITn	EDITn	EDITn
	Alternative bei IF	ELSE Anw.	ELSE Anw.	ELSE Anw.
	beendet Programmabarbeitung	END	END	END
	zeigt Dateiende an	–	–	Y=EOF (Dateinr.)
	liefert Äquivalenzfunktion	–	–	Z=X EQV Y
	gibt dimensionierte Felder frei	–	–	ERASE Feldn. [,Feldn ...]
	enthält Zeilennummer bei ERROR	–	–	IF ERL=N THEN ...
	enthält Fehlercode	–	–	IF ERR=n THEN ...
	simuliert Programmfehler	–	–	ERROR (Fehlercode)
	liefert Exponentialfunktion	Y=EXP(X)	Y=EXP(X)	Y=EXP(X)
	legt Satzstruktur fest	–	–	FIELD [#]Nr., Länge AS Var.[,....]
	zeigt Dateiverzeichnis an	–	–	FILES ["Dateibez."]
	liefert den ganzzahligen Teil einer einfach genauen Zahl	–	–	Y=FIX(X)
	ruft definierte Funktion auf	Z=FNY(P)	Z=FNY(P)	Y=FNY (P[,Pn ...])
	legt Programmschleifenanzahl fest	FOR Var=A TO E	FOR Var=A TO E	FOR Var=A TO E
	zeigt verfügbaren Speicher an	Y=FRE(Var)	Y=FRE(Var)	Y=FRE(Var)
	liest Satz in den Puffer	–	–	GET[#]Dateinr.[,Satznr.]
	ruft Unterprogramm	GOSUB n	GOSUB n	GOSUB n
	springt unbedingt	GOTO n	GOTO n	GOTO n
	wandelt Zahl in Hexadezimalzahl	–	–	Y$=HEX$(X)
	bedingte Sprung- oder Handlungsanweisung	IF ... THEN IF ... GOTOn	IF ... THEN IF ... GOTO n	IF ... THEN IF ... GOTOn
	logische Implikationsfunktion	–	–	Z=Y IMP X
	stellt Vordergrundfarbe ein (auch als PRINT-Erweiterung)	INK N	INK N	–
	fragt Tastatur ab	A$=INKEY$	A$=INKEY$	A$=INKEY$
	fragt Port ab	A=INP(I)	A=INP(I)	A=INP(I)
	wartet auf Eingabe	INPUT Var	INPUT Var	INPUT Var
	liest Daten ein	INPUT#n Var	INPUT#n Var	INPUT#Dateinr., Var

Anweisung	Bemerkungen	KC 85/3	KC 87	SCP-BASIC
INPUT$	erwartet N Tastatureingaben	–	–	A$=INPUT$ (N)
INSTR	sucht eine Zeichenkette in einer anderen	A=INSTR (A$,B$) *)	A=INSTR (A$,B$)	A=INSTR (A$,B$)
INT	wandelt Variablenwert in Integerwert	A=INT(X)	A=INT(X)	A=INT(X)
JOYST	fragt Spielhebel ab	(vorbereitet *)	JOYST(N)	–
KEY	belegt Funktionstaste	KEY N *)	–	–
KEYLIST	listet Funktionstastenbelegung	KEYLIST *)	–	–
KILL	löscht Datei	–	–	KILL "Dateibez."
LEFT$	bildet Teilzeichenkette	A$=LEFT$ (B$,N)	A$=LEFT$ (B$,N)	A$=LEFT$ (B$,N)
LEN	liefert die Länge einer Zeichenkette	A=LEN(B$)	A=LEN(B$)	A=LEN(B$)
LET	weist Variable Wert zu (kann entfallen)	LET B=Aus.	LET B=Aus.	LET B=Aus.
LINE	zeichnet Linie	LINE XA, YA, XE, YE[,F] *)	–	–
LINES	legt Zeilenanzahl beim Listen fest	LINES N	LINES N	–
LINE INPUT	liest Zeile ein	–	–	LINE INPUT Var
LINE INPUT#	liest Zeile von Datei ein	–	–	LINE INPUT# Dateinr., ,Var
LIST	listet Programm aus	LIST [n]	LIST [n]	LIST [n], [m]
LIST#	listet auf Gerät aus	LIST#N "NAME"	LIST#N "NAME"	(LLIST)
LLIST	druckt Programm aus	(LIST#N)	(LIST#N)	LLIST[N], [M]
LOAD	lädt Programm	LOAD#N "NAME"	LOAD#N "NAME"	LOAD"Dateibez."[,R]
LOC	übergibt Satznummer	–	–	A=LOC (Dateinr.)
LOCATE	setzt die Cursorposition	LOCATE Z, S	–	–
LOF	zeigt Anzahl der Sätze an	–	–	A=LOF (Dateinr.)
LOG	berechnet den natürlichen Logarithmus	(LN(X))	(LN(X))	Y=LOG(X)
LN	berechnet den natürlichen Logarithmus	Y=LN(X)	Y=LN(X)	(LOG(X))
LPOS	zeigt Position des Druckkopfes	–	–	A=LPOS (Dummy)
LPRINT	gibt PRINT-Anweisung an Drucker	(PRINT#n)	(PRINT#n)	LPRINT Var ...
LPRINT USING	druckt formatiert	–	–	PRINT USING "Form."; Var ...
LSET	trägt Zeichenkette in Satz ein	–	–	LSET A$=X$
MERGE	mischt Programmteile	–	–	MERGE "DATEI"
MID$	erzeugt Teilzeichenkette	A$=MID$ (B$,P,N)	A$=MID$ (B$,P,N)	A$=MID$ (B$,P,N)
MKD$	wandelt doppelt genaue Zahl in 8-Byte-Zeichenkette	–	–	A$=MKD$(X)
MKI$	wandelt Integerzahl in 2-Byte-Zeichenkette	–	–	A$=MKI$(X)
MKS$	wandelt doppelt genaue Zahl in 4-Byte-Zeichenkette	–	–	A$=MKS$(X)
MOD	liefert Rest bei Division	–	–	Z=Y MOD X

Anweisung	Bemerkungen	KC 85/3	KC 87	SCP-BA
NAME	benennt Dateien um	–	–	NAME " AS "alt"
NEW	löscht Programm	NEW	NEW	NEW
NEXT	schliesst FOR-NEXT-Schleife ab	NEXT[X[,Y..]]	NEXT[X[,Y..]]	NEXT[X
NOT	Negationsfunktion	A=NOT(B)	A=NOT(B)	A=NOT
NULL	legt Dummyzeichen fest	NULL N	NULL N	–
OCT$	wandelt Zahl in Oktalwert um	–	–	B$=OC
ON GOTO	bedingte Mehrfachverzweigung	ON Var GOTO n[,m...]	ON Var GOTO n[,m...]	ON Var GOTO n
ON ERROR	setzt fort bei Fehler	–	–	ON ERF Reak.
ON GOSUB	bedingter Mehrfachunterprogrammaufruf	ON Var GOSUB n[,m...]	ON Var GOSUB n[,m...]	ON Var GOSUB n[,m...]
OPEN	eröffnet Datei	OPEN#n "NAME" *)	–	OPEN " #Dateir "Datei"
OPTION BASE	legt Indexgrenze für Felder fest	–	–	OPTION BASE N
OR	logische ODER-Funktion	Z=X ORY	Z=X ORY	Z=X OF
OUT	gibt Daten an Port	OUT P,D	OUT P,D	OUT P,I
PAPER	stellt Hintergrundfarbe ein (auch als PRINT-Erweiterung)	PAPERN	PAPERN	–
PAUSE	wartet N*0,1 s	PAUSE N	PAUSE N	–
PI	Konstante 3.14159	PI	PI	
PEEK	liest Byte von Speicherplatz	A=PEEK(I)	A=PEEK(I)	A=PEE
POKE	schreibt Byte auf Speicherplatz	POKE I,B	POKE I,B	POKE I,
POS	gibt Cursorposit. in der Zeile	A=POS (Dummy)	A=POS (Dummy)	A=POS (Dummy
PRESET	löscht Bildpunkt	PRESETX,Y	–	–
PRINT	gibt auf Bildschirm aus	PRINT[Erw.;] Var auch?	PRINT[Erw.;] Var auch?	PRINT[Var ... a
PRINT#	gibt auf Gerät aus	PRINT#n ...	PRINT#n ...	PRINT#
PRINT USING	gibt formatiert aus	–	–	PRINT U "Form."
PSET	setzt Bildpunkt	PSETX, Y[,F]	–	–
PTEST	testet Bildpunkt	A=PTEST(X) *)	–	–
PUT	schreibt Satz in Datei	–	–	PUT[#] Dateinr,
RANDOMIZE	startet den Zufallsgenerator	RANDOMIZE *)	–	RANDO
READ	liest Daten aus DATA-Zeilen	READ Var ...	READ Var ...	READ V
REM	kennzeichnet Kommentar	REM ... oder!	REM ... oder!	REM ...
RENUMBER	numeriert Programmzeile neu	RENUMBER [a[,e[,n[,S]]]]	RENUMBER [a[,e[,n[,S]]]]	RENUM [n[,a[,S]
RESET	schliesst alle Dateien ab	–	–	RESET
RESTORE	setzt DATA-Zeiger auf Zeile	RESTORE n	RESTORE n	RESTO
RESUME	schliesst Fehlerbehandlung ab	–	–	RESUM
RETURN	bewirkt Rückkehr aus Unterprogramm	RETURN	RETURN	RETUR
RIGTH$	bildet Teilzeichenkette	A$=RIGHT$ (B$,N)	A$=RIGHT$ (B$,N)	A$=RIG (B$,N)
RND	berechnet Pseudozufallszahl	A=RND(S)	A=RND(S)	A=RND
RSET	trägt Zeichenkette in Satz ein	–	–	RSET A
RUN	startet Programm	RUN[n]	RUN[n]	RUN[n] RUN "N [,R]

	Bemerkungen	KC 85/3	KC 87	SCP-BASIC
	rettet Programm	(CSAVE)	(CSAVE)	SAVE "NAME" [,Op.]
	bestimmt Signumfunktion	A=SGN(X)	A=SGN(X)	A=SGN(X)
	berechnet Sinusfunktion	Y=SIN(X)	Y=SIN(X)	Y=SIN(X)
	erzeugt Töne	SOUNDT1, V1, T2, V2[,L[,D]]		
$	erzeugt Zeichenkette aus N Leerzeichen	–	–	A$=SPACE$ (N)
	erzeugt N Leerstellen bei PRINT-Anweisung	SPC(N)	SPC(N)	SPC(N)
	berechnet Quadratwurzel	Y=SQR(X)	Y=SQR(X)	Y=SQR(X)
	bestimmt Schrittweite bei FOR-NEXT-Schleife	STEP Aus.	STEP Aus.	STEP Aus.
	unterbricht Programmabarbeitung	STOP	STOP	STOP
	wandelt Zahl in Zeichenkette	A$=STR$(X)	A$=STR$(X)	A$=STR$(X)
$S	vervielfacht Zeichenkette	STRING $(N,B$)	STRING $(N,B$)	STRING $(N,B$)
	tauscht Variablen	–	–	SWAP A,B
H	schaltet Module	SWITCH A,S*)	–	–
M	kehrt zum Betriebssystem zurück	(BYE)	(BYE)	SYSTEM
	tabuliert bei Print-Anweisung	TAB(N)	TAB(N)	TAB(N)
	berechnet Tangensfunktion	Y=TAN(X)	Y=TAN(X)	Y=TAN(X)
	schaltet Zeilennummeranz. aus	TROFF	TROFF	TROFF
	schaltet Zeilennummeranz. ein	TRON	TRON	TRON
	ruft Funktion auf	Y=USR(X)	Y=USR(X)	Y=USR(X[, Var...])
	bestimmt numerischen Wert einer Zeichenkette	A=VAL(X$)	A=VAL(X$)	A=VAL(X$)
R	bestimmt Anfangsadresse einer Variablen oder des I/O-Puffers	–	–	A=VARPTR (X) A= VARPTR#n
	liest Zeichen vom Bildschirm	A$ =VGET$*)	–	–
	liest Byte aus Bildwiederholspeicher	A=VPEEK(I)	–	–
	schreibt Byte in Bildwiederholspeicher	VPOKE I,A	–	–
	wartet auf Reaktion am Port	WAIT I,J[,K]	WAIT I,J[,K]	WAIT I,J[,K]
	baut Iterationsschleife auf	–	–	WHILE Bed. Reak. WEND
	legt Ausgabezeilenlänge fest	WIDTH N	WIDTH N	WIDTH [LPRINT] N
W	stellt Bildschirmfenster ein	WINDOW[ZA, ZE,SA,SE]	WINDOW[ZA, ZE,SA,SE]	–
	gibt alternativ zu PRINT aus	–	–	WRITE Var, ...

ISSN 0232–2892
Mikroprozessortechnik, Berlin 2 (1988) 3
S. 65–96

Klaus-Dieter Kirves

BASIC-Sprachübersicht

für KC 85/3, KC 87 und SCP-BASIC-Interpreter BASI

FSC
www.fsc.org
MIX
Papier | Fördert gute Waldnutzung
FSC® C083411

Zeitfracht Medien GmbH
Ferdinand-Jühlke-Straße 7
99095 Erfurt, Deutschland
produktsicherheit@kolibri360.de